ZUR

LAUTVERSCHIEBUNG.

VON

J. F. KRÄUTER.

STRASSBURG.
KARL J. TRÜBNER.

LONDON.
TRÜBNER & COMP.
1877.

Buchdruckerei von G. Otto in Darmstadt.

MEINEM OHEIM

DIREKTOR

FRIEDRICH LÜTHARDT

ALS ZEICHEN

DER LIEBE UND VEREHRUNG.

VORWORT.

Die folgenden Blätter bieten dem Leser einen Theil des Ergebnisses meiner sprachgeschichtlichen Untersuchungen, zu welchem ich schon vor sieben Jahren gelangt bin.

Wer mit den Fortschritten der Lautphysiologie in den letzten Jahrzehnten vertraut ist, wird hier und da meine Polemik gegen veraltete Ansichten überflüssig finden; aber dieses „Veraltete“ hat ein merkwürdig zähes Leben und treibt trotz Allem immer noch sein Unwesen in Büchern und Zeitschriften, denen es nicht an Ansehen fehlt.

Die zweite Auflage von Brückes Grundzügen, welche übrigens die meisten Irrthümer der ersten wiederholt, habe ich nicht mehr benützen können.

Sollte ich nicht alle einschlägigen Arbeiten Anderer berücksichtigt haben, so bitte ich um Nachsicht, da nicht nur meine Verbannung in ein abgelegenes Landstädtchen mir die Kenntnissnahme von den neueren Erscheinungen erschwert und mich hauptsächlich auf meine eigenen Hülfsmittel anweist, sondern auch die Stellung eines Gymnasiallehrers nicht so glänzend ist, dass er sich alle wünschenswerthen Anschaffungen erlauben dürfte.

J. F. K.

INHALTSÜBERSICHT.

GRUNDZÜGE

der in diesem Buche zur Anwendung gebrachten wissenschaftlichen Orthographie.

(Genaueres hierüber im 3. Heft des 7. Bandes von Frommanns deutschen Mundarten.)

Länge (fehlt so ist entschiedene Kürze zu sprechen).

Schnarren.

Schallstärke.

Selbstlauter.

Nasalirung.

Flüsterstimme.

Tonhöhe.

Blosse Ausstossung der Luft ohne Kehlkopflaut.

(oder ') über einem Buchstaben bedeutet, dass ein Laut zu sprechen ist, bei welchem Enge oder Verschluss weiter nach hinten liegt als bei dem Laut, der gewöhnlich mit jenem Buchstaben bezeichnet wird.

bedeutet das Gegentheil von .

Eine Verengung oder ein Verschluss ist:	labial: bilabial	labial: labiodental	dental: interdental	dental: alveolar	dental: kakuminal	palatal: antepalatal	palatal: mediopalatal	palatal: postpalatal	faukal	guttural
Tönende Vokale	*u, y*					*i, y*	*u*			
	andere Vokale lassen sich hier nicht wohl einreihen									
Stimmlaute mit örtlicher Berührung		*w*		*l*						
Stimmlose Reibelaute		*f*	*þ*	*s*	*ṡ*	*ç*	*x*	*x́*		*h*
Tönende Reibelaute		*v*	*ð*	*ʃ*	*ʃ̇*	*j'*	*j*	*j́*		
Tönende Zitterlaute	*r'*			*r*				*ŕ*		
Tönende Mundnasenlaute	*u̧, y̧*					*i̧, y̧*	*u̧*			
Tönende Nasenlaute	*m*			*n*			*ŋ*	*ŋ́*		
Tönende Schlusslaute	*b*			*d*			*g*	*ǵ*		
Reine Tenues	*p*			*t*			*k*	*ḱ*	*q*	*q́*

þ, ð, ç, r lasse ich einstweilen statt *s', ʃ̊, x', ŕ* setzen.

Vokale *i ì e è ä ä̀*

y ỳ ö ö̀ ö̊ ə

u ù o ò à a.

Besonders zu beachten ist, dass *p, t, k* die echten unaspirirten Tenues bezeichnen, welche in romanisch-slawischer Orthographie durch p, t, k, in oberdeutscher durch b, d, g dargestellt werden, und welche von den nhd. Aspiraten und Affrikaten p, t, k in Pass, Paar, Tag, Tiger, kosen, Kiel u. s. w. auf das allerstrengste zu unterscheiden sind.

Im Anhang I ist statt ̦ aus Versehen meistens ̧ (z. B. *ą* statt *ą*) gesetzt; alle darin vorkommenden ̧ sind als ̦ zu lesen. — Das Nasalirungszeichen ̧ hat mehrfach die Gestalt eines iota subscriptum angenommen.

ZUR LAUTVERSCHIEBUNG.

Um die Frage ob die gothisch-niederdeutschen b, d, g im Hochdeutschen verschoben seien, ist viel hin und hergestritten worden; J. Grimm stellte ein Strengalthochdeutsch auf; Andere wollten den Uebergang in die Tenuis nur auf dentalem Gebiete anerkennen; wieder Andere, wie z. B. Birlinger behaupteten auf das entschiedenste sämmtliche urdeutschen Medien seien unversehrt erhalten.

Unternimmt man es eine Antwort zu suchen mit Hülfe der Mittel, welche die heutige Wissenschaft bietet, so kommt man zu dem Ergebnisse dass Grimm vollkommen im Rechte war und dass er mit dem ahnenden Blicke des Genius erschaut hat, was für die mangelhafte Lautlehre seiner Zeit noch unbeweisbar sein musste. Es sei mir vergönnt als bescheidener Aehrenleser ein Feld zu betreten, auf welchem der grosse Meister so reiche Ernte gehalten hat.

I. Die jetzigen b, d, g des Hochdeutschen.

Um das Verhältniss zwischen zwei Dingen festzustellen, ist es vor Allem aus unumgänglich nöthig das Wesen eines jeden derselben zu ergründen. Will man also wissen ob Verschiebung eingetreten ist oder nicht, so muss man untersuchen ob das Frühere dasselbe ist wie das Spätere. Beginnen wir mit den Lauten, welche wir der unmittelbaren Beobachtung unterwerfen können.

Die Schlusslaute.

Unter den zahlreichen Verdiensten welche sich Brücke um die Physiologie erworben, ist es das geringste nicht, dass er die Kenntniss von dem lange gänzlich unbekannten Wesen gewisser Konsonanten, welche ich „Schlusslaute“ nennen will, in weitern Kreisen verbreitet hat. Während

1. die Mundlaute (z. B. die ungenäselten Vokale, *w, l, f, ꝑ, s, s̔, ç, x, x̔* u. s. w.) bei offenem Munde und geschlossenen Nasengängen;
2. die Mundnasenlaute oder genäselten Laute (z. B. die genäselten Vokale, genäseltes *l̨*, genäseltes *w̨* u. s. w.) bei offenem Munde und offener Nase;
3. die Nasenlaute (z. B. *m, n*) bei geschlossenem Munde und offener Nase

gebildet werden, entstehen

4. die Schlusslaute bei geschlossenem Munde und geschlossener Nase.

Der Schall wird bei denselben wie bei *w, l, m, n* und den Vokalen im Kehlkopf erzeugt, entweder indem die Luft sich darin bricht und ein Reibegeräusch hervorruft, oder indem die Stimmbänder in tönende Schwingungen gerathen. Im letztern Falle sind die Schlusslaute genau in demselben Umfange wie alle übrigen Stimmlaute verschiedener Tonhöhen fähig und könnten in der Musik benützt werden; es ist möglich sie sowohl in Verbindung mit andern Lauten als auch allein für sich mit dem fünffachen Zeitwerth eines langen Selbstlauters zu sprechen (die langen Selbstlauter lassen wir in der gewöhnlichen Rede 0,21 bis 0,25 Sekunde, die kurzen 0,14 bis 0,16 Sekunde dauern). Die Nasalen sind nichts Anderes als genäselte Schlusslaute, genau ebenso wie *ǫ, ą̈* u. s. w. genäselte Mundlaute sind.

Die tönenden Schlusslaute werden in den meisten Sprachen vielfach angewendet. Wenn z. B. der Franzose die Buchstabenverbindung **aba** aussprechen will, so gibt er der offenen Mundhöhle die **a**-Stellung, schliesst dann die Lippen fest und vollständig zu um dieselben gleich wieder zu öffnen und den Mund in die **a**-Stellung zurückzuführen;

zugleich tönen die Stimmbänder ohne die geringste Unterbrechung vom Beginne dieser Vorgänge bis zu deren Ende. Lässt man die Kehlkopfschwingungen aufhören im Augenblick wo der labiale Verschluss hergestellt wird, und erst wieder anheben, wenn dieser sich wieder löst, so dass bloss die schliessenden und öffnenden Schlaglaute, welche die Schlusslaute ebenso wie die Nasalen begleiten, zwischen den beiden **a** gehört werden, so wird jeder Franzose **apa** vernehmen und nicht **aba**; er macht jedem Fremden, welcher im Auslaut von robe, rade, figue nicht Schlusslaute deutlich tönen lässt, den Vorwurf rope, rate, fique zu sprechen, mag auch für **b**, **d**, **g** ein noch so schwacher und leiser Schlaglaut eintreten. In zahlreichen Fällen wie z. B. les vagues poussent, vides-tu (d. h. *lewágpus, wídty)* wird für die Media der Mundverschluss gar nicht hörbar gelöst.

Ebenso erklären die Engländer Walker und Pitmann einen vocal sound, vocal murmur als Kennzeichen der **b**, **d**, **g**.

Die tönenden Schlusslaute werden (abgesehen von Brücke) ferner bezeugt durch Kempelen, Du Bois-Reymond den Aeltern, Czermak, Helmholtz, Lepsius, Max Müller, H. Schuchardt, Schleicher und viele Andere.

Haben die hochdeutschen Mundarten Schlusslaute?

Wie kommt es nun dass R. von Raumer, Ebel, Thausing, Merkel und viele Andere das Tönen der **b**, **d**, **g** hartnäckig bestreiten, indem sie sich zum Theil auf eigens angestellte Versuche und Beobachtungen berufen, ja dass Manche sogar die Möglichkeit der Schlusslaute bezweifeln?

Der Grund liegt einfach darin, dass kein Buchstabe seinen Lautwerth, wie Manche zu glauben scheinen, in sich selbst trägt, sondern denselben nur konvenzionnell besitzt, demnach je nach Zeit und Volk zur Bezeichnung ganz verschiedener Laute verwendet werden kann, so dass es nicht nur ganz unzulässig ist einem Buchstaben für die frühere Zeit ohne eingehende Untersuchung und überzeugende Gründe die Eigenschaften zuzuschreiben, welche er jetzt hat, sondern dass man auch grosse Verwirrung anrichtet, wenn man die eigene Aussprache eines Zeichens ohne Weiteres auch bei den Angehörigen andrer Völker und andrer Stämme voraussetzt. Der ganze Streit um die „Medien“ ist kein physiologischer, sondern ein grammatischer; nicht die Ergründung der Eigenschaften eines gegebenen, überall bekannten und gebrauchten Lautes macht hier Schwierigkeit, sondern es handelt sich um zwei ganz verschiedene Erzeugnisse der Sprachwerkzeuge: der eine Theil der Streitenden spricht das eine, der andere das zweite; der Süd- und Mitteldeutsche bildet die **b, d, g** ganz anders als der Niederdeutsche, Engländer, Franzose u. s. w. Dass keine Uebereinstimmung in der Beschreibung der „Medien“ zu erzielen ist, kann demnach niemanden wundern.

Birlinger (z. B. schwäb. augsb. Wörterbuch, 1864, 39; 101; vgl. die alem. Sprache rechts des Rheins, 1868, S. 126; 142) behauptet zwar die oberdeutschen **b, d, g** seien die romanischen „Medien“. Wie kämen dann die Franzosen dazu, ihre östlichen Nachbarn als dickohrige Barbaren zu verschreien, die keine **b, d, g** von **p, t, k** zu unterscheiden wüssten? Was Birlinger sagt, heisst eben nichts Anderes als: „So wie wir Schwaben die **b, d, g** aussprechen wenn wir französisch oder italiänisch reden, so klingen auch die **b, d, g** in unsern Mundarten“. Fremde Laute richtig wiederzugeben ist nicht die starke Seite der Deutschen, welche derartiges gar zu gern als überflüssige Haarspalterei verachten. Die Norddeutschen ersetzen die französischen Nasenvokale *ą̈, ǫ, ǫ̈*, welche einlautig sind, durch die davon ganz verschiedenen Lautfolgen *äŋ, òŋ, ö̀ŋ* und glauben genug gethan zu haben, wenn sie nicht *äŋg* oder *äŋk* u. s. w hervorbringen. In Schwaben habe ich von Professoren höherer Schulen, von hochgelehrten „Stiftlern“ das französische **ain** und **in** in p a i n, v i n u. s. w. als d i p h t h o n g i s c h e s genäseltes **äi** d. h. als *ą̈į* sprechen hören! meine gelegentliche Bemerkung das Richtige sei *ą̈*, wurde mit Kopfschütteln aufgenommen; von einem Unterschied „weicher“ und „harter“ Laute war ausser bei **v** und **f** gar keine Rede; b a s und p a s, d e n t und t e m p s u. s. w. irgendwie zu unterscheiden, wurde für eine übertriebene Zumuthung erklärt.

Und nehmen wir sogar an, Birlinger habe mit Romanen verkehrt und sie genau beobachtet, so weise ich auf die Thatsache hin, dass die meisten Süd- und Mitteldeutschen, welchen man juste und chou, zèbre und sabre, bas *(= ba)* und pas (= *pa,* nicht *pha),* oeuf (mit offenem *ŏ)* und oeufs (mit geschlossenem *ö)* u. s. w. richtig vorspricht, den Unterschied des Anlautes gar nicht wahrnehmen. Wie weit diese Harthörigkeit geht, mag aus Folgendem erhellen.

Fr. Gruner, Professor an der K. Realschule zu Stuttgart, hat in seiner französischen Schulgrammatik (Stg. 1863) die Lautlehre mit ungewöhnlicher Ausführlichkeit behandelt (Seite 5 bis 46; das ganze Buch hat 383 Seiten) nicht nur mit Benützung der besten Quellen, sondern auch auf Grund der Beobachtungen, welche er während eines wiederholten längern Aufenthaltes in Frankreich zu machen Gelegenheit hatte. Man dürfte also genaue Angaben erwarten. Aber der von den Franzosen so peinlich beobachtete Unterschied zwischen offenen und geschlossenen o- und ö-Lauten wird mit keiner Silbe erwähnt; **in, ain, ein** u. s. w. werden dem „Nasenlaut **äin**" gleichgesetzt, nur solle man nicht zu sehr nach **ei-n** hinüberstreifen (S. 19; es kann nur das obenerwähnte schwäbische *ą̈i̧* gemeint sein); **un, eun** haben den Nasenlaut ön mit Annäherung an **än** „fast wie **eun** in Freund" (S. 20; dieses Wort lautet bei den gebildeten Schwaben *frǫ̈ünth* mit sehr offenem *ǫ̈);* dass **b, d** von **p, t** scharf zu trennen sei, wird zwar hervorgehoben, aber von dem Tönen als nothwendiger Eigenschaft der „weichen" Laute erfährt man nichts; von einer Verschiedenheit zwischen den französischen und neuhochdeutschen **p, t, k** welche doch schon andern Grammatikern aufgefallen ist (z. B. auch M. Rapp, Physiol. der Sprache, IV, Stg. 1841, 20) hat Gruner keine Ahnung, geschweige denn von ihrer Hauchlosigkeit und von ihrer Uebereinstimmung mit den **b, d, g** der hochdeutschen Mundarten, welche doch Schmeller längst erkannt hatte.

Aber noch Aergeres als bei Gruner, einem Sprachlehrer, welcher sich mit physiologischen Studien nie befasst hat und von niemanden auf das Wesen der französischen und deutschen Laute aufmerksam gemacht worden, finden wir bei einem naturwissenschaftlich gebildeten Manne, einem Physiologen, welcher die Erforschung der Stimm- und Sprachbildung zu seiner Lebensaufgabe gewählt, welcher über Anatomie und Physiologie des Stimm- und Sprachorganes einen dickleibigen Band geschrieben, welcher sich berufen fühlt, in einer wissenschaftlichen medizinischen Zeitschrift über jedes sprachphysiologische Werk das erscheint, sein Urtheil abzugeben, welcher auf seinen Beobachtungsfehler ausdrücklich hingewiesen worden. Merkel, Professor der Medizin an der Hochschule Leipzig, schreibt (Schmidts Jahrbücher der gesammten Medizin, 1857, Bd. 95, 114): „Der zweite, noch weit tiefer greifende Fehler, an welchem Brückes Lautsystem leidet, ist meiner Ueberzeugung nach, dass er mit den sprachlichen Funktionen der Glottis des Kehlkopfes durchaus nicht ins Klare gekommen ist. Dies geht leider soweit, dass Brücke bis jetzt nicht einmal zu unterscheiden vermochte, ob ein Sprachlaut mit oder ohne Stimmbänderschwingungen produzirt wird, dass er wenigstens in vielen Fällen dergleichen annimmt, wo schlechterdings keine vorkommen, und umgekehrt manchen Sprachlauten dieselben abspricht, wo sie (wenigstens für die laute, vernehmliche Sprache) unbedingt erfordert werden. Hierher gehören namentlich die sog. Explosivae mediae und die s-Laute Brückes, in letzterer Hinsicht die r- (mit nur einer Ausnahme) und die l-Laute. .... Das s ist, wie ich bemerkt habe, eine semivocalis per se und bedarf der Mitwirkung der Stimmbänder gar nicht. Geschieht dies dennoch, so nimmt der s-Laut ein widerwärtiges Timbre an und wird sehr schwerfällig, so dass ich sehr zweifle, ob irgend ein gebildetes Volk diese höchst überflüssige Mechanik in seine Sprache eingeführt habe.“ — Hätte er sich mit diesen Irrthümern begnügt, so könnten wir ihm bloss seine verkehrte Theorie oder vielmehr seinen gänzlichen Mangel an wissenschaftlicher Theorie vorwerfen. Aber später nachdem Brücke versucht hatte, ihn eines Bessern zu belehren, kam er auf den Gegenstand zurück, um das Vorkommen der tönenden Schluss- und Reibelaute rundweg in Abrede zu stellen. Man lese und staune.

„Ich habe mir von geborenen Westfalen, Engländern, Franzosen u. s. w. die Bildung der in Frage stehenden Sprachlaute vormachen lassen, bin aber stets zu einem negativen Resultate gelangt. Im Hannöverischen soll zwar das tönende s hier und da gehört, aber dort selbst für etwas Unschönes gehalten werden. Dasselbe gilt vom französischen z". (Schmidts Jahrbb. 1858. Bd. 100, 95).

Aus dem allem folgt durchaus nicht, dass die Schwaben und Obersachsen etwa besonders harthörig und stumpfsinnig seien, wohl aber dass sie gleich allen andern Stämmen und Völkern fremde Laute mit den nächstverwandten ihres eigenen Vorrathes verwechseln. Von den Schlusslauten hören sie nur den begleitenden Schlaglaut, von den tönenden Reibelauten nur das Luftgeräusch; da beide Lautarten durch das Tönen, auch wenn es nicht zum Bewusstsein kommt, etwas Weiches, Mildes, Schmelzendes erhalten, wird diese Eigenschaft als sehr geringe Schallstärke des Schlag- oder Reibelautes gedeutet, ein Fehler, in welchen auch der sonst so umsichtige Schmeller verfallen ist, indem er die in gewissen Fällen schwach gesprochenen *p, t, k, s, ś* des Bairischen den französischen **b, d, g, z, j** gleichstellt.

Man darf sich also nicht wundern, dass wer nicht von Jugend auf gewöhnt worden, auf den bedeutenden Unterschied zwischen tönenden Schlusslauten *(b, d, g)*, reinen Tenues *(p, t, k)* und echten Aspiraten *(ph, th)* zu achten, nur durch lange und ausdauernde Uebung dazu gelangen kann, denselben mit Sicherheit wahrzunehmen.

Beschreibung der hd. **b, d, g.**

Will ein Süd- oder Mitteldeutscher **aba** sprechen, so bringt er zuerst die Stimmbänder zum Tönen, während die offene Mundhöhle die **a**-Stellung hat, dann schliesst er die Lippen fest zu und unterbricht in demselben Augenblicke jegliche Lauterzeugung: im Kehlkopf wird weder laute Stimme noch Reibegeräusch hervorgebracht; nach einer sehr kurzen Pause öffnet er die Lippen wieder, indem er zugleich ohne erst irgend einen Hauch oder eine Pause einzuschieben, den **a**-Laut anheben lässt. Das **a** verhält sich in zeitlicher

Beziehung zum **b** wie das Tönen einer Klaviersaite zu dem Klopfgeräusche des auf sie niederfallenden Hammers: der Schlag trifft mit dem Beginn des Tones vollständig zusammen; aber dieser ist bloss augenblicklich, jener dauert eine merkliche Weile. — Ebenso wird **ada** und **aga** gebildet, nur tritt statt des labialen Verschlusses der dentale oder der palatale ein. Von *w* und von *ç* und *x*, welche manchmal für **b** und **g** verwendet werden, sehe ich ab, weil sie niemand für „Medien" ausgibt.

Die süd- und mitteldeutschen **b**, **d**, **g** sind also weder tönende noch geflüsterte Schlusslaute, sondern blosse Schlaglaute.

Brücke ist freilich anderer Meinung, ganz abgesehen davon, dass er seltsamer Weise die Schlusslaute, welche Dauerlaute sind, mit den Schlaglauten zusammenwirft, welche durch den zeitlosen Uebergang von einem Zustand der Organe in einen andern hervorgebracht werden [1]. Aber zu meinem Bedauern muss ich ihm auf einem Gebiete entgegentreten, welches er in so ausgezeichneter Weise beherrscht. Ich habe diese **b**, **d**, **g** oft genug gehört in den verschiedensten Mundarten und niemals irgend einen gutturalen (d. h. im Kehlkopf gebildeten) Laut darin gefunden. Beobachtet man den Kehlkopf mit dem Stethoskop und lässt sich jene **aba**, **ada**, **aga** flüsternd vorsprechen, so vernimmt man deutlich, wie zwischen dem Luftgeräusch der beiden Vokale eine kurze aber vollständige Pause eintritt. Auch habe ich sehr oft Gelegenheit gehabt zu bemerken, dass Obersachsen, Franken, Hessen, Baiern, Schwaben, Elsässer, Lothringer,

---

[1] Man beachte wohl, dass sich die physiologische Verschiedenartigkeit der Schlusslaute und der Tenues in der Sprachgeschichte scharf genug ausprägt: hinter den echten Tenues kommen oft schmarotzende Reibelaute auf *(h ; x, þ, s, f)*, nicht hinter den Schlusslauten; diese letzteren gehen oft ohne Vermittlung in Mundlaute über (z. B. *b* in *w ; d* in *ð)*, während hingegen ein Ueberspringen von Tenuis in Reibelaut auf leerer Vermuthung beruht; unter gewissen Bedingungen können Mundlaute zu Schlusslauten werden, während ein Uebergang in Tenues unerhört ist, z. B stimmloses S schlägt nie und nirgends in T über. — Absichtliche, bewusste Vertauschungen eines Lautes mit einem andern kommen hier natürlich nicht in Betracht.

Schweizer u. A. nur mit äusserster Mühe tönende oder geflüsterte Schlusslaute nachsprechen lernen; sie setzen dafür entweder die ungehauchten Schlaglaute *p, t, k* (nicht die nhd. Aspiraten oder Affrikaten *ph, th, kç, kx)* oder, wenn man sie auf das Tönen ausdrücklich hinweist, *mp, nt, ηk*[1].

Dazu kommt noch Folgendes.

Ich will kein Gewicht darauf legen, dass Brücke (Ueber eine neue Methode der phonetischen Transscription, Wien 1863, 12) einen Unterschied zwischen An- und Inlaut macht, obgleich die Oberdeutschen von einem solchen nichts wissen[2]. Aber er bezeichnet (S. 53) die oberdeutschen p, t, k nicht als geflüsterte Schlusslaute, worin ich ihm vollständig Recht gebe. Damit wird seine Angabe in Betreff der b, d, g hinfällig, denn diese klingen in ganz Süd- und Mitteldeutschland völlig gleich wie die mundartlichen p, t, k (jedoch nur in Obersachsen ist k auch anlautend vor Selbstlautern unaffrizirtes *k;* Rapp, Phys. d. Spr. III, 311; Dr. K. Klaunig, über deutsche Rechtschreibung, Lpz. 1867, 11); in Oberdeutschland ist die Ansicht allgemein verbreitet, die Mundart spreche die „Media" statt der „Tenuis", und in mundartlichen Schriften findet man deshalb sehr häufig b, d, g für p, t, k. Von vielen Zeugnissen will ich nur dasjenige dreier hochdeutscher Sprachforscher anführen, welche sich eingehend mit Lautphysiologie beschäftigt haben. M. Rapp

---

[1] Seit ich Obiges niedergeschrieben, hat Winteler (die Kerenzer Mundart, Lpz. 1876. 8 f.; 23) unabhängig von mir ebenfalls den süddeutschen B, D, G jedes begleitende Flüstergeräusch und jeden Stimmton abgesprochen.

[2] Auf Grund der Angaben Schmellers, Scherers (s. unten S. 10) und eines Freundes, der mehrere Jahre in Wien gelebt, glaubte ich das Oestreichisch-Bairische dem mir genauer bekannten Schwäbisch-Alemannischen in Bezug auf den völligen Mangel der Schlusslaute gleichstellen zu dürfen. Seither habe ich mich überzeugt, dass in der Wiener Mundart, so wie sie Prof Scherer spricht, tönende Medien vorkommen (z. B. in Vater, Mutter, Bruder, in Wörtern auf -abm = -aben u s. w.). Es wäre nun zu untersuchen, ob nicht bloss in Wien, sondern in ganz Deutschöstreich das niedere Volk damit übereinstimmt.

bezeichnet die Unterscheidung von b, d, g und p, t, k wiederholt als eine künstliche und sagt (Ph. d. Spr. II, 219): „Der Oberdeutsche spricht Tag und Dach mit demselben indifferenten Anlaut“. In Frommanns Mundarten (II, 1855, 59): „Unterscheidung von d und t, b und p ist ohnehin in unsern süddeutschen Mundarten bloss konventionnell, da die Laute weder hart noch weich, sondern indifferent gesprochen werden“. Und ebenda (II, 109): „..... das d und t, das b und p lauten vollkommen gleich, indifferent, mit einziger Ausnahme, dass in ganz fremden Wörtern und Eigennamen vorm Vokal anlautendes t und p mit einem Nachklang von h gesprochen werden, wie t-he, t-heâter, t-hômas, p-hack, p-hoêt, p-hêter u. s. w.“ Aehnlich Scherer Zeitschr. f. ö. Gymn. 1866. 832): „Kein östreichisches Volkskind kann von Hause aus d und t, b und p unterscheiden; die trägen Mediae der Lingual- und Labialreihe haben die Herrschaft an sich gerissen“. Und endlich Dr. Panitz, Oberlehrer an der Realschule zu Leipzig (Leitfaden für den Unterricht in der Grammatik der deutschen Sprache II, Lpz. 1866, 17): „In Betreff der weichen und harten Konsonanten sind Schrift und Aussprache jetzt nicht immer im Einklange. Wenn auch die Aussprache sich meist nach der Schrift zu richten hat, so darf doch die erstere der letzteren zu Liebe nicht in unnatürliche Geziertheit verfallen“. Anmerkung dazu: „In der Aussprache wird jetzt nur g von k unterschieden, selten b von p, fast gar nicht d von t. Wir unterscheiden in der Aussprache wohl Werg von Werk, Talg von Talk (d. h. g wird *ç!)*, aber wir machen selten einen Unterschied zwischen dem b in Becher, Binse, glaubt, Herbst und dem p in Pech, Pinsel, Haupt, Papst; wir machen keinen Unterschied zwischen dem d in Bad, Bund, Jagd, seid, Seide, Ende (Erde ist wohl Druckfehler) und dem t in bat, bunt, jagt, seit, Seite, Ente. Im Anlaut können wir wohl, wenn die unmittelbar nachfolgenden oder vorangehenden Laute nicht dagegen sind, d von t unterscheiden, doch geschieht es in der Regel nicht“.

Es kommt zwar oft vor, dass dem Volke die klare physiologische Einsicht in das Wesen seiner Laute abgeht oder dass Verschiedenheiten, welche im Lauf der Zeit entstanden sind, völlig unbemerkt bleiben; aber dass sich irgend welche etymologische Unterschiede in den Lauten gewahrt, hingegen im Bewusstsein gänzlich verloren haben sollen, trotz der nhd. Orthographie, welche sie festhält: das ist wenig wahrscheinlich.

Wenn ich nun sehe, dass der Niederdeutsche Brücke in seinen Angaben über hd. Lautverhältnisse nicht nur mit meinen Beobachtungen in Widerspruch steht, sondern auch mit denjenigen der Schwaben, Oestreicher und A., so wird man mir verzeihen, wenn ich den Irrthum auf der Seite meines Gegners suche.

Das Flüstergeräusch, welches nach Brücke die oberdeutschen **b, d, g** enthalten, beruht schwerlich auf wirklicher Beobachtung, sondern ist wohl nur eine rein theoretische Spekulation, bei welcher sich die Mängel seiner Lehre von den „Verschlusslauten" verhängnissvoll erwiesen.

Er hält nämlich die nhd. Aspiraten und Tenues gar nicht streng auseinander; in den Grundzügen (S. 58) sagt er ausdrücklich, die nhd. **p, t, k** seien im Anlaut vor Selbstlautern aspirirt, hingegen nicht vor stimmlosen Konsonanten; aber in der „phonetischen Transscription" (S. 53) ist dieser von ihm selbst hervorgehobene Unterschied gar nicht berücksichtigt; die **p** in erlebst, Herbstes, bleibt, **t** in Lenz, **k** in nix werden gerade so bezeichnet wie die übrigen **p, t, k** (z. B. in tausend, Taschen, Kraft, kein, Kuss). In Folge dieser unberechtigten Gleichung *ph, th, kx* = *p, t, k* musste natürlich alles, was von **p, t, k** = *ph, th, kx* verschieden ist, auch als von **p, t, k** = *p, t, k* abweichend erscheinen.

Ueberdies wirkte noch der Einfluss des Herkommens. Dass **b, d, g** andere Laute bezeichnen als **p, t, k**, wird überall gelehrt, auch da wo niemand irgend einen Unterschied macht, so dass ein und derselbe Laut bald diesen, bald jenen Namen führt je nach der Orthographie. So hat Brücke nicht nur den Laut des **g** in Fegfeuer, regt (ph. Tr. S. 53) als tönenden Schlusslaut bezeichnet wie in Grün, Gedicht u. s. w., sondern auch den oberdeutschen

„Medien" ihren Charakter als „Verschlusslaute mit verengter Stimmritze" wahren wollen, und sie für geflüsterte erklärt, da sie augenscheinlich keine tönenden sind.

Ueberhaupt muss ich, übereinstimmend mit der gewöhnlichen Annahme der Physiologen, in Abrede stellen, dass wir in lauter Rede *l, w, m, n* u. s. w. jemals flüstern, namentlich zwischen oder neben wirklich tönenden Lauten. Bei den gegentheiligen Angaben, so weit sie mir bekannt geworden, laufen immer so offenbare Irrthümer mit unter, dass ihre Zuverlässigkeit sehr gering ist, ganz abgesehn davon, dass von all denjenigen, welche das Vorkommen geflüsterter Konsonanten in der lauten Rede behaupten, sich kein Einziger darauf beruft, dass er in eigens angestellten Versuchen das gutturale (d. h. im Kehlkopf gebildete) Reibegeräusch deutlich wahrgenommen habe, sondern alle zur Auskunft der Flüsterstimme greifen, bloss weil sie sich aus irgend einem Grunde mit Recht oder mit Unrecht bewogen finden, Fehlen des Stimmtones anzunehmen.

Wenn Brücke das holländische **v**, welches nach den allerdings unwissenschaftlichen Beschreibungen der Holländer „weder **f** noch **w**, sondern ein Mittelding zwischen beiden" sein soll, als geflüstertes **w** bezeichnet (s. Rumpelt, Syst. der Sprachlaute, 1869, 61 f.), so ist das kaum etwas Anderes, als die üble Folge eines andern Missgriffes. Er nennt nämlich das deutsche **w**, an welchem nirgendwo die leiseste Spur von Reibelaut wahrzunehmen ist, möge es bilabial oder labiodental sein, ein tönendes **f**, was doch nur für das französische **v** im Auslaut (rive, neuve, grave, craintive u. s. w.) und das von Fremden gern mit **f** verwechselte inlautende **v** der rheinländischen (mittelfränkischen) und westfälischen Mundarten (z. B. leve = leben; Revve = Reben) richtig ist; kommt ihm nun ein wirkliches tönendes **f** vor, welches er natürlich für etwas Anderes als für ein gewöhnliches **w** halten muss, so bietet das „geflüsterte **w**" einen willkommenen Ausweg aus der Verlegenheit. Beachtet man, dass holländisches **v** wenigstens im Inlaut (blijven, drijven, geven, graven, leven, schrijven, sterven, stijven, grijven u. s. w.) mit dem **v** des nah verwandten Rheinländischen und Westfälischen etymologisch übereinstimmt, ferner dass die Holländer es dem französischen v gleichsetzen, während sie im deutschen w ihr eigenes w erkennen, endlich dass im Auslaut f statt v geschrieben wird, wie s statt z, ganz entsprechend den rheinländischen und westfälischen Mundarten, welche in demselben Falle *f* und *s* statt *v* und *ſ* hören lassen, so wird man nicht fehl gehn, wenn man sich das holländische v als tönendes f denkt.

Irrig ist auch die Behauptung R. v. Raumers, bei manchen Leuten seien die Nasalen nicht immer tönend. Er sagt (ges. sprachw. Schriften 456): „Sprechen solche Individuen ein gewöhnliches schlichtes Nein, so lassen sie die Stimme erst beim Beginn des Diphthongen einfallen; bringen sie dagegen ein zweifelnd oder auch nachdrücklich gedehntes Nein hervor, so begleiten sie schon das anlautende n mit der Stimme". Da man im letztern Falle den Anlaut dehnt und *ńain* (´ benütze ich als Längezeichen) mit langem n spricht, so fällt das Tönen mehr ins Gehör, als wenn der Konsonant kurz ist, obgleich es nie fehlt. Man sieht auch gar nicht ein, weshalb beim Dehnen ein Laut tönend werden sollte, wenn er es sonst nicht schon wäre.

Denselben Fehler begeht auch Heyse (Syst. der Sprachwissenschaft 276) wenn er meint, neben M-ann, n-ein mit Intonation des m und n für sich, spreche man auch M͡ann, n͡ein mit blossem Hauch, so dass unmittelbar nach der „Artikulation" der Vokal ertöne. Ueberdies ist seine Angabe die Flüsterstimme sei der spiritus lenis (S. 265) und m, n könnten im Auslaute oder allein für sich nicht ohne Stimme erzeugt werden (S. 276), nicht sonderlich geeignet, seine Beobachtung als zuverlässig erscheinen lassen.

Wenn wir *l, w, m, n* u. s. w. unmittelbar neben tönenden Lauten absichtlich mit Kehlkopfgeräusch sprechen wollen, so gelingt uns dies gar nicht oder erst nach vielen Versuchen; geflüsterte Laute sind uns so unbequem, dass wir in der Flüstersprache das selbstlautende *i* und *ı* nicht durch einen gutturalen, sondern geradezu durch den antepalatalen Reibelaut wiedergeben, eine Thatsache, welche auch von R. v. Raumer (ges. sprchw. Schr. 165) bemerkt, wenngleich nicht klar erkannt worden ist. Höre ich recht, so wird auch das **r**, wenn es nicht tönend ist (d. h. in lauter Rede vor Stimmlosen und Pausen, beim Flüstern überall), ohne jegliche Mitwirkung des Kehlkopfes, also bloss durch das Zittern des Zäpfchens oder der Zungenspitze hervorgebracht *(r̥)*.

m, n, ŋ mit Kehlkopfgeräusch statt des Stimmbändertones sind von so geringer Vernehmbarkeit, dass G. H. Meyer (Stimm- und Sprachbildung, Berlin 1871, 29) und L. Hermann (Grundriss der Physiologie, Berlin 1872, 300) in der Flüstersprache nur die bei Verbindung von Nasalen mit Mundlauten (z. B. in **ma**, **ana**) eintretenden Schlaglaute gehört haben, nicht aber die Nasalen selbst; noch undeutlicher sind die geflüsterten Schlusslaute. In geringer Entfernung schon werden die gutturalen Reibelaute völlig unhörbar; meines Wissens aber hat noch niemand die Beobachtung gemacht, dass schon bei einem kleinen Abstande von einem Rufenden oder auch von einem ruhig Sprechenden seine *m, n* u. s. w. ausfielen, so dass man z. B. e i statt n e i n hörte. Im Gegentheil erwähnt Helmholtz (die Lehre von den Tonempfindungen. 1863, 118) ausdrücklich, dass in einer gewissen Entfernung alle Konsonanten mit Ausnahme der **m** und **n** verschwinden.

Geflüsterte *l, w, m, b* u. s. w. sind ihrem akustischen Wesen nach nichts Anderes als Reibelaute; aus den Angaben der griechischen und lateinischen Grammatiker geht deutlich genug hervor, dass abgesehen von **h**, welches für keinen eigentlichen Laut galt, im Griechischen **s** und im Lateinischen **s** und **f** die einzigen stimmlosen Reibelaute waren; die alten Inder sprechen ausdrücklich von einem wirklichen Tönen.

Endlich braucht ein tönender Laut, ehe er ganz verstummt, nicht vorher in ein Luftgeräusch überzugehen, so wenig wie der verhallende Klang einer Saite. Der Süddeutsche sagt entweder *frīrə* oder *frīrən* oder *frīrn* (frieren), *iç fàŋ* oder *iç fàŋə* (ich fange) u. s. w., aber von *frīrən, fàŋə* mit geflüstertem *n* oder *ə* in lauter Rede weiss er nichts; der Norddeutsche, welcher l i e b e, l a d e n, H a u s e, D a t i v e, B e r g e u. s. w. mit tönendem **b, d, s, w, j** spricht, setzt in l i e b t, l ä d s t, H a u s, D a t i v, B e r c h einfach **p, t, ss, f, ch.**

All diese Thatsachen machen es im höchsten Grad unwahrscheinlich, dass zu irgend einer Zeit und bei irgend einem Volke in l a u t e r Rede die *l, w, m, n, b, d, g* u. s. w. geflüstert worden seien.

Auch dem was Brücke über die obersächsischen **b, d, g** sagt, vermag ich nicht beizustimmen. Die Sachsen, welche ich gehört habe, bildeten ihre „Medien" gerade so wie die Süddeutschen, nur dass sie dieselben beim Sprechen des Neuhochdeutschen sehr oft in der ergötzlichsten Weise bald an Stelle von neuhochdeutschen **p, t, k** hervorbrachten, bald am unrechten Ort durch **p, t, k** ersetzten, was einfach daher kommt, dass in der Mundart überall derselbe Laut (reines *p, t, k)* üblich ist und dass die Schule nicht streng auf Beachtung des nhd. Lautstandes dringt. Dasselbe und Aehnliches findet man auch anderswo. In Gegenden, deren Mundart die **ö** und **ü** eingebüsst hat, bekommt man oft sogar aus dem Munde von Gebildeten ein Neuhochdeutsch zu hören, in welchem die **ö, ü** meistens als **e, i**, hingegen die **e, i** vielfach als **ö, ü** erscheinen, z. B. g r i e n e Z w e u g e; von irgend einem Mittelding zwischen **e** und **ö**, zwischen **i** und **ü** ist nicht die Spur vorhanden.

Wenn man nach der Tenuis eine noch so kurze Pause macht (welche ich hier mit $_{\circ}$ bezeichnen will), ehe der Selbstlauter eintritt, so klingt das ganz anders; solche $p_{\circ}a$, $t_{\circ}a$, $k_{\circ}a$ kommen, wenn die Angaben von Lepsius (Standard Alphabet, London-Berlin 1863, 140 und 189) richtig sind, im Ossetischen und Aethiopischen vor (?). Auch der obersächsische Physiolog Merkel, welcher sich über die **b, d, g** ausführlich ausgesprochen hat, sagt ausdrücklich (wie Brücke selber bemerkt), dass Schlaglaut und Vokal in demselben Augenblick beginnen.

Wenn Brücke (ph. Tr. 11, Anmerkung) entgegnet, eine solche Lautbildung komme den **p, t, k** der Ungarn zu, nicht aber den obersächsischen **b, d, g**, welche durch ihren matten Eindruck auf das Gehör auffällig dagegen abstechen, so irrt er darin, dass er jeden akustischen Unterschied auf die Klangfarbe zurückführen will. Er hat ganz richtig hervorgehoben, dass der Gegensatz zwischen **b, d, g** und **p, t, k** im Deutschen nicht auf der Schallstärke beruht; aber damit hat er nicht bewiesen, dass die Konsonanten einer verschiedenen Intensität unfähig seien und dass diese von der Sprache nicht zu etymologischen Zwecken verwendet werden könne. Z. B. ist das labiodentale Reibegeräusch des f-Lautes im Deutschen stärker, wenn er einem gothisch-niederdeutschen p entspricht, als wenn ihm ein gothisch-niederdeutsches f oder ein ahd. b oder ein romanisches v zur Seite steht (nur ft macht Ausnahme; ich bemerke zum Ueberfluss, dass schwaches *f* nicht etwa f mit Stimme oder mit Kehlkopfgeräusch, auch nicht etwa bilabiales statt des labiodentalen ist). Dieser Unterschied mag wohl nicht überall gemacht werden und Manchem als eine etymologische Schrulle erscheinen, nichts desto weniger ist sein Vorkommen unbestreitbar. Ich war noch ein Knabe und wusste von den früheren Perioden unserer Muttersprache nicht das Mindeste, als mir auffiel, dass in Chamissos „Geist der Mutter" das „Grafen" des ersten Verses nicht recht mit dem „schlafen" des dritten reime. Damals vermochte ich mir keine Rechenschaft darüber zu geben; später erkannte ich, dass in „schlafen" das *f* stärker gesprochen wird, als in „Grafen". Zwischen dem *f* in rufen, greifen, Schafe, kaufen, Kufe, taufen, pfeifen u. s. w. und demjenigen in Schiefer, Hafen, Briefe, Zweifel, Eifer, Teufel, Schaufel u. s. w. nahm ich denselben Unterschied wahr, ohne die etymologischen Verhältnisse zu kennen; von einer Voreingenommenheit kann also keine Rede sein. Meine Beobachtung finde ich bestätigt durch Wolfgang Menzel (Briefe über Orthographie, Beilage zur Augsburger allgemeinen Zeitung, 1856, S. 826 f.), welcher sagt, in Gift habe nicht i sondern ft den „Ton" (!!) und es sei unmöglich auf schlafen das Wort Hafen zu reimen, da jedermann, der nur einigermassen Ohr für Poesie habe, bemerke, dass in Hafen der „Ton" auf dem a, in schlafen hingegen auf dem f liege.

Wenn schon innerhalb einer Sprache feststehende dynamische Ungleichheiten eines Konsonanten vorkommen, so ist zu erwarten, dass die verschiedenen Sprachen in dieser Hinsicht mannigfaltig von einander abweichen. In der That sind im Französischen die *f, s, ś* augenscheinlich kräftiger als gewöhnlich im Deutschen, und so mögen auch die magyarischen **p, t, k** die hochdeutschen **b, p, d, t, g (k)** an Stärke übertreffen.

II. Die indogermanischen b, d, g.

Wenden wir uns von der Gegenwart zur Vergangenheit, so müssen wir zuerst untersuchen, woraus die urdeutschen **b, d, g** hervorgegangen sind, und haben folgende Fragen zu beantworten:

Waren die indogermanischen **b, d, g** Dauerlaute?

Waren sie tönend?

Waren es tönende Reibelaute oder tönende Verschlusslaute?

Waren die indogermanischen b, d, g *blosse Schlaglaute?*

Wären die **b, d, g** der indogermanischen Ursprache Tenues gewesen, so hätten, da sie doch von den unbestrittenen Schlaglauten **p, t, k** verschieden waren, nur sechs Fälle möglich sein können:

1. **b, d, g** und **p, t, k** wurden an verschiedenen Orten gebildet.

2. Neben **b, d, g** hatten die selbstlautenden Vokale eine andere Färbung als neben **p, t, k**.

3. **b, d, g** waren schwache, **p, t, k** starke Schlaglaute.

4. Der Unterschied bestand in der Zeitdauer.

5. Entweder die **b, d, g** oder die **p, t, k** wurden mit Einschiebung einer Pause gesprochen (p_oa, t_oa, k_oa).

6. **p, t, k** waren aspirirt (= *ph, th, kx*), **b, d, g** nicht aspirirt (= *p, t, k*).

Erster Fall.

Dass **b** bilabial, **d** interdental, **g** medio- und antepalatal, hingegen **p** labiodental, **t** alveolar, **k** postpalatal gewesen sei, oder dass irgend ein ähnlicher Unterschied stattgefunden habe, wird durch nichts bezeugt und steht mit dem Wechsel zwischen **b, d, g** und **p, t, k** im Widerspruch.

Zweiter Fall.

Im Arabischen wird neben den sog. emphatischen Konsonanten *à* und *ù* gesprochen statt *a, ä, e* und statt *o* (K. P. Caspari, Gramm. der arab. Sprache, Lpz. 1859, 5 f.). Dass die indogermanischen b, d, g oder die p. t, k einen erhellenden oder verdunkelnden Einfluss auf die vokalischen Selbstlauter ausübten, kann natürlich nicht bestimmt widerlegt werden; aber jedenfalls trat dieser Unterschied ganz gegen einen andern zurück, wenn er überhaupt vorhanden war.

Dritter Fall

Nach der weitaus vorherrschenden Ansicht besteht der Unterschied zwischen unsern b, d, g und p, t, k in der Stärke; p wäre demnach nichts Anderes als „ein mit festerem Lippenverschluss gebildetes b". Aber selbst nicht einmal für Süd- und Mitteldeutschland, wo doch die b, d, g nicht tönend sind, ist diese Beschreibung richtig: jeder Deutsche, welcher ein hochdeutsches p, t, k hervorbringen will und nicht etwa nach dem anerkannten Gebrauche seiner Mundart b, d, g dafür setzt, spricht Schlaglaute, auf welche ein deutliches *h* folgt: Polen = *phóln,* Pass = *phas,* Thal = *thál,* Tanne = *thanə* u. s. w. Dies gilt für alle Theile Deutschlands und der Schweiz ohne Ausnahme. Jeder Hochdeutsche, welchem man z. B. ein starkes. aber unaffrizirtes *k* vorspricht, hält dasselbe für ein „gepresstes, gezwungenes, gequetschtes" g, niemals aber für ein k, was auch Merkel (Anat. und Physiol. des menschl. Stimm- und Sprachorgans, Lpz. 1857, S. 854 f.) ganz richtig hervorgehoben hat.

Jedoch folgt daraus nichts für frühere Zeiten und andere Völker; um zu beweisen, der Gegensatz zwischen den indogermanischen b, d, g und p, t, k sei keineswegs ein bloss dynamischer gewesen, müssen wir bessere Gründe anführen können.

In Leibs, lebt, liebte, gerippt, streckt, weckte u. s. w. und vollends in Lamms, pumpt, Amt, nimmt, omnis, contemnere, columna u. s. w. ist der Schlaglaut vor s, t, n sehr leise. Bestände nun der Gegensatz zwischen **b, d, g** und **p, t, k** in der Stärke, so müssten die Buchstabengruppen

ps mit **bs**	**pt** mit **bt**	**mt** mit **mbt**
ks mit **gs**	**kt** mit **gt**	**ms** mit **mbs**

vertauscht werden und **bt, gt** bliebe unverändert, wie denn Schmeller in der That (die Mundarten Baierns 1821, 94 § 463) Jagd. Magd, sagt. (80, § 395) gibt, liebt als Beispiele für echtes **g, b** anführt, während er den anlautenden **g, b** im Bairischen ein Schwanken zwischen „Media“ und Tenuis zuschreibt. Aber in der Orthographie der indg. Völker tritt dies niemals ein; im Gegentheil wird gewöhnlich

bs, gs zu **ps, ks**

bt, gt zu **pt, kt**;

die altindische Schreibung schwankt zwischen **ns**, **ṅç**, **ṅś** und **nts**, **ṅkç** (oder **ṅkh**), **ṅkś**; die lateinische zeigt emptum für emtum, hiemps für hiems, contempnere für contemnere u. s. w. Wenngleich Quintilian (I, 7, 7) den labialen Schlaglaut in obtinuit wegen dessen Schwäche nicht schlechthin für **p** erklärt, sondern findet, man höre eher **p** als **b** (aures magis **p** audiunt), so vermisst er doch immerhin eine wesentliche Eigenschaft des **b**.

Wenn nun die **p, t, k** zur Bezeichnung sehr schwacher Schlaglaute verwendet wurden, so konnte ihr unterscheidendes Merkmal nicht die Stärke sein. Ueberdies stellte die Lauttheorie der Griechen und Römer die media zwischen die tenuis und die aspirata; die *ph, th, kç, kx* klingen wuchtiger. als die ungehauchten *p, t, k* so dass Dionys von Halikarnass (de comp. verb. 14) sie *κράτιστα* nennt und die meisten Deutschen sie geradezu für einlautige starke Tenues ausgeben. Die Lauteintheilung der Alten ist zwar keineswegs vollkommen, aber wenn die „Medien“ nichts weiter als schwache „Tenues“ gewesen wären, so hätte man unmöglich auf die Anordnung

p **b** **ph**

verfallen können.

Vierter Fall.

b, d, g und **p, t, k** konnten sich durch die Zeitdauer von einander unterscheiden. Zwar sind die Schlaglaute nicht gleich den *a, o, i, u, l, m, f, þ, s, ś, ç, x, x́* u. s. w. einer eigentlichen Dehnung fähig, aber zum Ersatz kann die Pause zwischen Schliessen und Oeffnen verlängert werden, was ich, da kein Missverständniss möglich ist, mit *ṕ, t́, ḱ* bezeichne. Als solche lange Tenues werden in der Schweiz die p, t in allen Stellungen gesprochen, während die b, d immer kurz sind; z. B. retten ist *rèťə*, reden *rètə*; in beiden Wörtern ist das *è* gleich kurz und hat denselben hellen ä-Klang, nur wird in retten merkliche Zeit (etwa 1/4 Sekunde) gewartet, bis der dentale Verschluss wieder gelöst wird, während in reden die Zunge rasch gegen die Zähne schlägt und sogleich wieder zurückfährt; da im Nhd. verdoppelte Konsonantenzeichen nicht anders als einfache gesprochen werden und bloss die Kürze des vorhergehenden Selbstlauters angeben, so wäre in gewöhnlicher Orthographie jenes schweizerische reden durch rette, das retten hingegen durch rettte darzustellen, wie auch Rapp (Frommanns deutsche Mundarten, II, 1855, 477) das schweizerische *hàsə* (Hasen) hasso, hingegen das schw. *fàśə* (fassen) fassso schreibt. Ebenso unterscheiden sich Seite *siťə*, Seide *sitə* (beide Wörter haben kurzes helles i); Schatten *śàťə*, Schaden *śàtə*; geboten, Boten *pòťə*, Boden *pòtə*; Mantel *mànťl*, Mandel *màntl*; Enten *änťə*, Enden *äntə*; Wappen *wâṕə*, Waben *wâpə* (beide Wörter mit langem a); ebenso ist die inlautende Tenuis gedehnt in räten, Blätter, röter, bräten, Rüte *(rúəťə)*, Alter, heiter, Saite, Lampe, Alpen, ganz, setze, Sumpf, x́lopfe, reckx́e, weckx́e, Sichlətə (Sichelfest), Lismətə (Strickzeug), u. s. w.[1] In Folge dieser Dehnungen macht die Sprache nicht nur in der mundartlichen, sondern auch in der gebildeten Rede einen eigenthümlich schleppenden und zerhackten Eindruck. Ausnahmsweise erscheint, wie Tobler (Kuhns Zeitschrift XXII, 129) ganz richtig bemerkt, der

[1] Unterdessen hat Winteler diese Verhältnisse in seiner Darstellung der Kerenzer Mundart (S 20 ff.) ausführlich besprochen, freilich in einer für Fremde wenig verständlichen Weise; dass statt „lang" und „kurz" die Ausdrücke „Fortis" und „Lenis" gebraucht werden, ist ein starker Missgriff.

lange Konsonant auch für die **b, d, g** der nhd. Orthographie z. B. in zünden, schinden, geduldig; gedehntes *k* wie in Brücke, Glocke, Ecke, Mücke, brīəke (weinen), Türke, grăke (schleichen). zăke (zaudern), găke (gackern, stottern). Hăke (Haken) u. s. w. wird immer als **gg** aufgefasst, weil *k̓x́* als eigentlicher Werth von **k** und **ck** gilt.

So erklärt es sich, warum Frz. Pfeiffer (z. B. in der Einleitung zu Walter von der Vogelweide, Lpz. 1870, S. XL f.) wiederholt **p, t, k** = **bb, dd, gg** setzt.

Die Dehnung ist zwar gewöhnlich von einer Verstärkung des Schlaglautes begleitet und ist im Anlaut nach einer Pause nicht hörbar, gilt aber für das wesentliche Merkmal der mundartlichen **p, t**, abgesehn von Verbindungen wie *ṕf, ts, tś*, wo der Schlaglaut immer nur sehr schwach gebildet werden kann (anlautendes altes **k** ist in der Mundart *x́* oder auch schnarrendes *x̧́*; in der Schriftsprache wird *ph, th, k̓x́* für **p, t, k** vor starkem Selbstlauter gesprochen).

Aber diese schweizerische Unterscheidung dürfen wir nicht für die indogermanischen **b, d, g** und **p, t, k** voraussetzen. In **pt, kt** hätten wir zwei gedehnte Konsonanten hintereinander, was wenig wahrscheinlich ist. Ferner nimmt die poetische Sprache der Inder, Griechen und Römer auf die Dauerverhältnisse der Prosa Rücksicht, obgleich sie dieselben keineswegs unverändert beibehält: die **p, t, k** werden aber oft genug als kurze Laute verwendet, sogar auch ihre Verbindung mit folgendem **l** und **r**. Endlich wird die Länge der Konsonanten durch Verdopplung ihrer Buchstaben bezeichnet: **pp, tt, kk** ist von **p, t, k** streng geschieden, gerade wie **ss, ll, mm, nn** von **s, l, m, n**.

Fünfter Fall.

Setzt man voraus die **p, t, k** seien bei verschlossenem Kehlkopf gebildet worden, so ist unbegreiflich, warum **s**, welches doch unverengte Stimmritze erforderte, vorhergehende **b** und **g** zum gutturalen Verschluss genöthigt haben soll. Wie wäre man dazu gekommen in **ms, ns, ṅś, ńç** nach dem Oeffnen des Mundes erst eine Pause einzuschieben, statt den Reibelaut sogleich beginnen zu lassen?

Hatten hingegen die b, d, g jenen Werth, so ist wiederum das bekannte Eintreten von mbr, mbl, ndr bei Griechen und Romanen unerklärlich. Will man ferner im Auslaut vor einer Pause einen ungehauchten öffnenden Schlaglaut sprechen, so muss man dies bei geschlossenem Kehlkopf thun; p, t, k müssten also in diesem Falle zu b, d, g werden; aber die altindische Orthographie schreibt umgekehrt p, t, k für auslautende b, d, g; ebenso die provenzalische (Diez, rom. Gramm. I, 1870, 397 f.). Man sieht auch nicht ein, was solche b, d, g im Send, Slawischen und Litauischen für einen Einfluss auf vorhergehende Reibelaute hätten ausüben sollen, so dass s zu z geworden wäre.

Sechster Fall.

Der Gegensatz zwischen b, d, g und p, t, k konnte im Indogermanischen auch nicht auf der Aspirirung der letztern beruhen, wie in der Schriftsprache Süd- und Mitteldeutschlands. Denn die Inder, Armenier, Griechen, Römer scheiden streng p von ph, t von th u. s. w. Die erstern haben überdies noch bh, dh, gh. Noch heute sprechen die Inder, Armenier, Romanen, Slawen u. s. w. ihre p, t, k ohne Hauch, gerade wie die süd- und mitteldeutschen Mundarten ihre aus indg. dh, bh, gh, t entsprungenen t, b, g, d. Damit stimmt vortrefflich, dass die Aethiopier und Araber nicht ihre gewöhnlichen k, t, sondern q und das sog. emphatische t mit Vorliebe verwenden, um die k, t griechischer Fremdwörter wieder zu geben.

Die indogermanischen b, d, g *waren tönende Dauerlaute.*

Es ergibt sich also, dass die indogermanischen b, d, g Dauerlaute waren, auch wenn wir von den positiven Beweisen dafür absehen.

Sie müssen tönend gewesen sein, denn als stimmlos hätten sie nur stimmlose Reibelaute sein können und wären als solche nothwendigerweise mit f, s, h zusammengestellt worden und nicht mit p, t, k. Auch wenn das Tönen nicht ausdrücklich durch die altindischen Grammatiker bezeugt wäre, ginge es doch aus ihrer Zusammenstellung der b, d, g,

bh, **dh**, **gh** mit **r**, **l**, **m**, **n** und den Vokalen deutlich genug hervor. Nur wenn **b**, **d**, **g** tönend waren, sind die bekannten Buchstabenwechsel **ps**, **pt** für **bs**, **bt**, ferner **bd**, **gd** für **pd**, **kd**, endlich **zb**, **zd**, **zg** für **sb**, **sd**, **sg** u. s. w. erklärlich. In der Orthographie der romanischen Sprachen sind die früheren **p**, **t**, **k** zwischen Selbstlautern sehr oft in **b**, **d**, **g** übergegangen; es kann sich hier, wie bei **s** im gleichen Falle, nur um ein Tönendwerden der entsprechenden Laute handeln. Beinahe bei allen indogermanischen Völkern entsprechen den alten **b**, **d**, **g**, **bh**, **dh**, **gh** tönende Laute; sogar in oberdeutschen Mundarten tritt für indg. **bh** und **gh** zwischen Selbstlautern regelmässig tönend *w* und *i* (oder *u*) ein, während die ind. **p**, **t**, **k**, **s** im Hd. gewöhnlich Stimmlose geblieben sind.

Dass die Griechen und Römer die **b**, **d**, **g** nicht zu den *ἡμίφωνα* (semivocales), sondern zu den *ἄφωνα* (mutae) rechnen, kann uns jenen ausdrücklichen, der Sprache selbst entnommenen Zeugnissen gegenüber nicht beirren; der Fall kommt ja tausendfältig vor, dass ein Volk, welches für seine Laute ein scharfes Ohr hat und die geringste Abweichung von denselben sogleich empfindet, dennoch über deren Wesen völlig im Unklaren ist.

Keinem Deutschen würde es entgehn, wenn dem **n** in Anker, sinke, dem **ng** in lange, strenge, dem **g** in Agnes, Magnet, Signal derselbe Lautwerth gegeben würde wie dem n in Ente, sinne; aber dennoch sind in Betreff des Nasals mit palatalem Verschluss die seltsamsten Ansichten in Umlauf. Hören wir z. B. Kehrein (Gramm. der nhd. Sprache, I, Lpz. 1852, 35): „**n**, ein Nasenlaut, wird mit Anstossung der Zunge an den Gaumen und die obere Zahnreihe und Ausstossung der Luft durch die Nase ausgesprochen. Vor **g** und **k** wird n mit einem stärkern durch die Nase gelassenen Hauche ausgesprochen". Nicht besser steht es um die allgemein übliche Benennung „nasales **n**", als ob *m* und *n* weniger nasal wären als *ŋ*!

Kein Süddeutscher verwechselt j mit **ch**; jeder hält auch was und Fass, Wein und fein streng auseinander; dennoch herrscht in Betreff des Unterschiedes zwischen **j**, **w** und **ch**, **f** die grösste Unkenntniss, indem j, **w** für schwache **ch**, **f** ausgegeben werden. Spricht man aber einem Oberdeutschen ein noch so leises **ch**, **f** vor, so glaubt er nie j. **w** zu hören, denn diese sind überall und immer Stimmlaute (beim Flüstern von j und **w** werden die Stimmbänderschwingungen durch ein gutturales Reibegeräusch ersetzt). Darum fällt es auch Schmeller (S. 86; 92 f.) nicht ein die schwachen *ç*, *x*, *f* im Anlaut und nach langem Selbstlauter für j und **w** zu halten, während er (S. 144 f.) die schwachen *s*, *ś* den französischen **z**, j gleichsetzt, welche in Süddeutschland stimmlos gesprochen werden.

Trotz Joh. Müllers, Merkels und Brückes Forschungen werden die nhd. Aspiraten und Affrikaten **p**, **t**, **k** immer noch für stärkere, festere **b**, **d**, **g** erklärt von W. Wundt (Lehrbuch der Physiologie, Erl. 1873, 697), Joh. Ranke (Grundzüge der Physiol. Lpz. 1872, 611), H. Beigel (zur Physiol. der deutschen Sprachelemente, Erl. 1867), Thausing (das natürliche Lautsystem, Lpz. 1863. 22—27) u. A.

Auch die Franzosen, deren Ohr so empfindlich für das Tönen ihrer **v**, **z**, j, **b**, **d**, **g** ist, welche sich nicht genug über den „dumpfen, rauhen“ Laut der süddeutschen **b**, **d**, **g** lustig machen können, welche den äusserst leisen labialen Schlaglaut in obtus, j'obtiens, subterfuge, subtil trotz der Orthographie für ein **p** erklären (z. B. Laveaux, Dict. des difficultés de la langue française, I, Paris 1822, 144; C. Ayer, Grammaire comparée de la langue française, Genf 1876, 51 f.), halten die **v**, **z**, j, **b**, **d**, **g** für nichts Anderes als schwache **f**, **s**, **ch**, **p**, **t**, **k** (so auch Laveaux, II, 122 f.; 157; Ayer, 16).

Max Müller (Vorlesungen II. Folge, übers. von Böttger, 1866, 144) begnügt sich nicht damit, die Schlusslaute mit den Schlaglauten zusammen zu werfen, sondern stellt sogar auch die Nasalen zu den Explosiven, welche im Gegensatz zu den „continuae“ einer Dehnung unfähig sind!

Wenn solche und tausend andere grobe Missgriffe in unserm Jahrhundert der Naturwissenschaften möglich sind, so ist es sehr gewagt, die lautphysiologischen Angaben alter Grammatiker zur Grundlage der Untersuchung zu machen;

am allerwenigsten können sie ein auf anderm Weg gefundenes Ergebniss in Frage stellen, auch wenn sie ausnahmsweise von Zweideutigkeit und innern Widersprüchen frei sind.

Waren die indogermanischen **b, d, g** *tönende Reibelaute?*

Wenn wir uns die indogermanischen b, d, g, wie gezeigt worden, als tönende Dauerlaute zu denken haben, so handelt es sich nur noch darum zu wissen, ob es tönende Reibelaute oder tönende Schlusslaute waren. Der Versuch, diese Frage zu lösen, würde sehr mangelhaft ausfallen, wenn wir uns nicht klar würden über das Verhältniss, in welchem die Schlusslaute zu den übrigen Lauten stehen.

Sind die Schlusslaute leicht oder schwer?

Die tönenden Schlusslaute machen zwar auf das Gehör einen milden, weichen Eindruck und gelten demnach den Tenues gegenüber, welche etwas Trockenes, Starres haben, für eine Erschlaffung. Aber damit können wir uns nicht begnügen; die Lautwandlungen sind, wie immer allgemeiner anerkannt wird, nicht durch die Empfindungen des Ohres bedingt, sondern durch das Streben der Sprachorgane nach Bequemlichkeit[1]. Wir müssen also untersuchen, ob die tönenden Schlusslaute eine geringere oder grössere Muskelanstrengung erfordern.

Betrachten wir zunächst das Verhältniss von **apa** (mit unaspirirtem Schlaglaut) zu **aba** (mit tönendem romanisch-niederdeutschem b). In beiden Lautgruppen ist die Thätigkeit der Organe genau dieselbe, bloss dass in der ersteren jegliche Lauterzeugung unterbrochen wird für die Zeit wo die Lippen geschlossen sind, während in der andern die Stimme von Beginn des ersten **a** an bis zu Ende des zweiten ununterbrochen forttönt. Bezeichnen wir das Schliessen der Lippen mit */p*, das Oeffnen mit *p/*, eine sehr kurze Pause mit $_{\circ}$, so ist

$$\textbf{apa} = a^{/p}{}_{\circ}{}^{p/}a$$
$$\textbf{aba} = a^{/p}b^{p/}a$$

[1] Daraus folgt natürlich nicht, dass jeder unbequemere Laut einem bequemeren weichen **muss**.

Auf **p** fällt also nichts als das Schliessen und Oeffnen, auf **b** aber überdies noch das Schwingen der Stimmbänder; die Muskelthätigkeit ist also bei letzterm offenbar eine bedeutend grössere als bei **p**, was sich auch darin zeigt, dass viele Sprachen, geleitet durch das Streben nach Bequemlichkeit, die Schlusslaute und tönenden Reibelaute im Auslaut durch die Tenues und stimmlosen Reibelaute ersetzen. Tönende Schlusslaute sind also absolut unbequemer als Tenues; zwischen tönenden Lauten allerdings relativ bequemer.

Gewisse Lagen und Stellungen mögen nämlich an sich eine grössere Muskelanstrengung erfordern als andere, aber möglicherweise ist der Kraftaufwand, welcher nöthig ist, um aus der unbequemern Lage in die bequemere überzugehen, ein bedeutender. Offenbar ist es bequemer zu liegen als zu stehen; aber um sich auf die Fläche niederzulegen, auf welcher man steht, muss man die Beine biegen und sie zugleich die ganze Körperlast tragen lassen, was eine erhebliche Anspannung nöthig macht; in noch höherm Grade gilt dies vom Aufstehen. Soll man also schnell hintereinander bald liegen, bald stehen, so ist dies weit ermüdender nicht nur als das andauernde Liegen, sondern auch als das andauernde Stehen. So ist auch das Tönen der Stimmbänder zwar unbequemer als das Nichttönen, aber bequemer als ein rascher Wechsel zwischen Tönen und Nichttönen.

Vergleichen wir nun **ama** = $a^{\prime p} m^{p\prime} a$ mit **aba** = $a^{\prime p} b^{p\prime} a$. In beiden Lautgruppen sind die Vorgänge dieselben, ausser dass während des Lippenverschlusses das Gaumensegel bei **m** von der hinter ihm liegenden Schlundwand absteht, bei **b** aber faukalen Verschluss bildet. Um die Luft durch die Stimmritze hindurch zu treiben ist bei den Nasalen (wie bei den Mundlauten) bloss die Spannung der Stimmbänder und der gewöhnliche Druck der Atmosphäre zu überwinden; hingegen bei den Schlusslauten findet die durch den Kehlkopf ziehende Luft weder durch den Mund noch durch die Nase einen Ausweg nach aussen, sondern verdichtet die bereits in der Mundhöhle vorhandene. Darum wird das Tönen bei den Schlusslauten je länger es dauert, in rascher Zunahme immer schwieriger, bis es bald völlig unmöglich wird, so dass die Schlusslaute viel weniger lang ununterbrochen ausgehalten werden können, als die übrigen Dauerlaute.

Dass die romanischen b, d, g eine merklich grössere Muskelanstrengung erfordern, als die Nasalen und reinen Tenues, ergibt sich noch aus einer andern Beobachtung, welche wohl schon Jeder gemacht hat. Wenn bei starkem Schnupfen die Choanen gänzlich mit Schleim verstopft sind, so dass es der Luft unmöglich ist, durch die Nase auszuströmen, müssten statt der Nasalen die tönenden Schlusslaute eintreten; aber auch bei Personen, welchen die letztern ganz geläufig sind, geschieht dies nicht, sondern die Stimme schweigt ganz und man hört bloss die durch Herstellen und Lösen des Mundverschlusses erzeugten Schlaglaute z. B. Mama musst' es noch nie machen klingt dann *papá pùst äs tòx ti paxə.*

Wir wenden also nur einen mässigen Luftdruck an um Nasale zu sprechen; derselbe ist nicht genügend, wenn der Widerstand unvermuthet grösser wird, als wir bei *m, n, ŋ* gewohnt sind, und das Tönen unterbleibt ganz.

Ebendasselbe ergibt sich noch deutlicher aus folgendem Versuch. Wenn man ein langgedehntes *m* oder *n* spricht und sich plötzlich die Nase zuklemmt, so verstummt in demselben Augenblick auch gern die Stimme; wenn man in rascher Abwechslung oft hintereinander die Nase zuklemmt und wieder öffnet, so hören die Kehlkopfschwingungen bei jeder Schliessung auf und beginnen bei jeder Lösung des Nasenverschlusses von neuem. Will man es erzwingen, dass bei dem letztern Versuche der Stimmlaut ununterbrochen forttönt, so ist ein bedeutend grösserer Lungendruck nöthig.

Dass nicht etwa die Bewegung des Fingers an sich die Schuld trägt, was ja ohnehin ganz unwahrscheinlich ist, geht daraus hervor, dass wenn man nur ein Nasenloch schliesst und das andere offen lässt, das Tönen ungehindert andauert.

Bildet man bei geschlossener Nase rasch und oft hintereinander *ma* oder *na* oder *ŋa*, so entsteht bald *papapa, tatata, kakaka* u. s. w.

Auch bei allen Mundlauten verstummt gern die Stimme,

sobald man den Mund mit der flachen Hand oder mit einem Finger verschliesst, während sie bei Mundnasenlauten (z. B. genäselt *l*, genäselt *a*, genäselt *i* u. s. w.) als Nasenlaut immer ungestört weiter tönt. Wenn bei den r-Lauten, welche durch raschen Wechsel von Schluss und Oeffnung entstehn, die Stimmbänder während des vollständigen Verschlusses wirklich schwingen, was noch zu untersuchen wäre, so ist die verschwindend kurze Dauer desselben zu beachten.

Bei den tönenden Reibelauten haben die Stimmbänderschwingungen beinahe ganz denselben Druck zu überwinden, wie bei jedem andern Mundlaute und wie bei den Nasalen, denn das schwache Geräusch, welches im Munde entsteht, erfordert eine kaum nennenswerthe Stauung; und auch wenn es sehr stark wäre, was leicht möglich ist, aber kaum vorkommt, so besteht die zunächstliegende Erleichterung darin, dass man es dämpft, indem man die Verengung erweitert.

Dass die Schlusslaute unter ganz ungewöhnlichen Verhältnissen gebildet werden, zeigt sich noch in Folgendem. 1. Bei *aba* (mit tönendem b) zuckt der Kehlkopf nach abwärts, mag das *b* noch so flüchtig sein, während er bei *ama, awa, ava* (*v* = tön. f), *apa* vollkommen unbeweglich bleibt (bei den Lauten mit dentaler und palataler Verengung und Schliessung haben die Bewegungen der Zunge Einfluss auf die Stellung des sog. Adamsapfels). 2. Während der gedehnten Aussprache eines Schlusslautes ist der Kehlkopf in fortwährendem Sinken begriffen, was bei andern Stimmlauten nur nach lang anhaltenden Tönen eintritt, wenn der Athem nahe daran ist auszugehen. 3. *ma, fa, wa, va, pa, la, na, sa, ʃa* u. s. w. lassen sich sehr schnell hintereinander wiederholen, während *babababa* bald in *papa* übergeht und den Kehlkopf nach unten drängt.

Als sicheres Ergebniss finden wir, dass die Schlusslaute entschieden eine grössere Anstrengung erfordern als alle übrigen Laute [1]; zwischen Mundlauten ist überdies ein Laut, bei welchem der Mundkanal offen bleibt, auch relativ

[1] Wie ich nachträglich sehe, hat sich Scherer (Ztschr. f. d. östr. Gymn. 1870, 635) schon vor mir in ähnlichem Sinne ausgesprochen, wenigstens in Bezug auf das Verhältniss der Media zur Tenuis.

bequemer als ein solcher, der einen Mundverschluss erfordert; zwischen tönenden Lauten kann sich bei **p**, **t**, **k** die relative Bequemlichkeit geltend machen und dieselben in tönende **b**, **d**, **g** verwandeln, aber wohl nur dann, wenn die letztern ohnehin in der Sprache vorkommen und also den Organen bereits geläufig sind.

Dass Mundlaute bequemer sind als Schlusslaute, wird durch sichere Beispiele bestätigt, welche auf keine andere Weise zu erklären sind. Im Französischen sind die lateinischen **p**, **k** zwischen Selbstlautern (ebenso **t**) gewöhnlich dem westromanischen Uebergang in tönende Schlusslaute erlegen, und diese **b**, **g** werden oft zu **v**, **i** (Diez, r. Gr. I, 245; 277). Ebenso finden wir im Dänischen Mundlaute für die aus **t**, **k** hervorgegangenen **d**, **g**. Ferner haben das Germanische und das Altlat. sehr oft ihre **f**, **þ**, **s**, **h** (= *x*) tönend gemacht, ihre **p**, **t**, **k** aber nie, bzw. nur vereinzelt[1].

Kehren wir nach dieser umständlichen aber unerlässlichen Erörterung physiologischer Verhältnisse zur Untersuchung der Frage zurück, ob die indogermanischen **b**, **d**, **g** Reibelaute oder tönende Schlusslaute waren.

Erster Beweis für die indogermanischen Schlusslaute.

In den meisten indogermanischen Sprachen werden heute die **b**, **d**, **g** als tönende Schlusslaute gesprochen, abgesehen von der Behandlung der sog. „Palatalen“ im Indischen, Send, Slawischen und Litauischen, und des **g** vor **i**, **e**, welche niemand hierher rechnen wird. Ein so allgemeiner und regelmässiger Uebergang von Mundlauten in die absolut und meistens auch relativ unbequemern Schlusslaute ist aber unmöglich. Und angenommen die Sprache hätte eine wahrhafte Wuth gehabt, die Verengung durch den Verschluss zu ersetzen, warum sind die **m**, **n**, **r**, **l**, **v**, **s** (wo es tönend ist) und **j**, welche jedenfalls mit starker Verengung gebildet

---

[1] Wenn im Finnischen die sog. starke Form ursprünglicher ist, als die sog. schwache, so haben wir auch dort die Reihenfolge: Tenuis, Media, Mundlaut (s Thomsen, über den Einfluss der germanischen Sprachen auf die finnisch-lappischen, übers. v. Sievers, Halle 1870, 26 f.).

wurden, was es auch sonst für Laute gewesen sein mögen, mit wenigen Ausnahmen verschont geblieben?

Wenn also im Send für d, g, im Umbrischen für d, in den neugriechischen Mundarten[1] für b, d, g, im Romanischen für inlautend b, d, g, im Russischen für inlautend g Mundlaute eintreten, so ist darin nicht etwas Ursprüngliches, sondern eine spätere Erleichterung zu sehen, ein Ergebniss, welches durch die französische Behandlung der p, k (s. oben S. 29) und durch die folgenden Beweise bestätigt wird.

Zweiter Beweis für die indogermanischen Schlusslaute.

Die altindischen Grammatiker beschreiben die b, d, g als Laute, welche vollständigen Mundverschluss erfordern.

Hingegen liefert die Zusammenstellung der b, d, g mit p, t, k bei den Griechen und Römern keinen zwingenden Beweis. Allerdings werden einer unbefangenen Beobachtung tönende Reibelaute niemals mit p, t, k, sondern immer mit f, s, h verwandt erscheinen, während bei Schlusslauten, wie zahlreiche Beispiele zeigen, dieser Irrthum eher möglich ist. Aber das Urtheil über das Wesen der Laute lässt sich allzugern durch die Etymologie, durch die herkömmliche Schulmeinung und durch die sprachliche Verwendung beeinflussen. Obgleich die Reibelaute *f, þ, ś, ç, x* genau derselben Art angehören wie das (stimmlose) *s*, so werden sie dennoch mit p, t, k zusammengestellt, weil in der altdeutschen Orthographie die f, þ, sch, ch ältern p, t, s, k entsprechen und weil die Benennung „Aspiraten" den Buchstaben ph, th, ch aus griechisch-römischer Zeit her trotz des völlig veränderten Lautwerthes geblieben ist; ja, das *s* hat sogar zwei Namen: entspricht es altem t, so ist es „Aspirata"; steht es altem s gegenüber, so heisst es „Spirans", selbst wenn dieses alte s aus d, t, th (vor t) entsprungen ist! Gründe ähnlicher Art erschweren die allgemeine Anerkennung der Thatsache, dass die nhd. p, t, k vor starken Selbstlautern

[1] Aber nicht in allen. In Kalabrien ist G vor R, L, A, O, U, ferner D in allen Stellungen Schlusslaut (Deffner, in den Curtiusschen Studien, IV, 1871, 238; 244).

und im Anlaut vor Stimmlauten echte Aspiraten und oft sogar Affrikaten sind.

Es wäre also möglich, dass die griechisch-lateinischen **b, d, g** auch als Reibelaute mit den **p, t, k** zusammengestellt worden wären, wegen der **pt, bd, kt, gd, ps** u. s. w., welche in der früheren Zeit, als **b, d, g** noch Schlusslaute waren, die **bt, pd, gt, kd, bs** u. s. w. verdrängt hatten. Haben doch die Griechen den Fehler begangen **b, d, g, p, t, k** als besondere Gruppe den übrigen Lauten entgegenzustellen, während die Inder dies nie thun, welches auch ihr Eintheilungsgrund sei, sondern auch die Nasalen zu den „Verschlusslauten" rechnen.

Dritter Beweis für die indogermanischen Schlusslaute.

Die indg. **b, d, g**, nicht aber die **v, r, l, s, j** erscheinen in den germanischen Sprachen als **p, t, k**, ein Uebergang, welcher in solcher Regelmässigkeit für Mundlaute ganz beispiellos wäre.

Vierter Beweis für die indogermanischen Schlusslaute.

Vor Stimmlosen und vor Pausen gehen die tönenden Reibelaute in stimmlose Reibelaute über; der Rheinländer sagt *lävə* (leben), aber *läft* (lebt); der Niederdeutsche *halſe* (Halse), aber *hals* (Hals); ebenso lässt der Neugrieche bald **ew, aw**, bald **ef, af** für *εv, αv* eintreten. Nun erscheint allerdings in allen indogermanischen Orthographien ausser der indischen **st** für **dt**, in der oskischen **ft, ht** für **bt, gt**, in der umbrischen **ht** für **bt, gt** u. s. w., aber die entsprechenden Tenues werden in all diesen Fällen ebenso behandelt wie die **b, d, g**, so dass dieser Buchstabenwechsel für die Reibelautnatur der letztern nichts beweist. Vielmehr werden dieselben vor Pausen und Stimmlosen gewöhnlich zu **p, t, k**, was für Reibelaute unerhört ist, da niemand in Versuchung kommt, t r i p p t, d e s B a c k s, R u p statt t r i f f t, d e s B a c h s, R u f zu sprechen und indg. **s** nie und nirgends zu **t** wird.

Fünfter Beweis für die indogermanischen Schlusslaute.

Manche Sprachen, welche sonst die Nasalen unbehelligt lassen, stossen dieselben vor Reibelauten aus und zwar spurlos, wenn es nicht gebräuchlich ist, die Selbstlauter vor folgendem *m*, *n*, *ŋ* zu näseln oder wenn keine Ersatzdehnung eintritt. Im Sanskrit kann **m** zwar vor jedem Konsonanten durch Anusvara ersetzt werden, nothwendig ist dies jedoch nur vor Reibelauten; im Send wird **an** zu **ā** vor **f**, **þ**, **z**, **ç**, **h**; das Griechische stösst **n** vor **s** und **z** beinahe immer aus; in der lateinischen Orthographie schwindet **n** sehr oft vor **s**, aber auch wo man vor **f** und **s** das **n** schrieb, wurde in der Sprache der Nasal ausgestossen und dafür der nasalirte Selbstlauter gedehnt (Corssens Aeusserungen hierüber sind unrichtig, was nicht zum Verwundern ist, da er sich unfähig zeigt, zwischen französischen Nasenvokalen und deutschen *aŋ*, *òŋ* zu unterscheiden); im Litauischen fällt **n** vor **s** und **ż** (d. h. *ʃ*) aus; das Altsächsische duldet **n** nicht vor **s**, gewöhnlich auch nicht vor **þ**, und ebensowenig **m** vor **f**[1]; im Angelsächsischen werden **mf**, **nþ**, **ns** zu **-f**, **-þ**, **-s**; in der Berner Mundart verstummt **n** (ohne die geringste Nasalirung des Selbstlauters) zwar häufig im Auslaut und in Nebensilben, inlautend nach dem Stammselbstlauter jedoch nur in *fýf* (fünf), *fýftsäx̀ə* (fünfzehn), *fýftsk* (fünfzig), *èis* (eines), *χâś* (kannst), *ýs* (uns), *ysə* (unser; unsern), *ysəs* (unseres), *fiśtər* (finster), *mis* (meines), *sis* (seines), *tis* (deines), *mim* (meinem) u. s. w., *mir* (meiner) u. s. w.; auch die alemannischen Beispiele bei Weinhold (al. Gr. S. 168) beziehn sich meist nur auf **n** vor Reibelauten (vgl. Staub in Frommanns dtsch. Mundarten VII, 1875, 18 ff.).

Ganz abweichend von den Reibelauten bringen die indogermanischen **b**, **d**, **g** einen vorhergehenden Nasal in den oben erwähnten Sprachen nicht zum Schwinden.

Sechster Beweis für die indogermanischen Schlusslaute.

n vor **v** und **j** wird nirgends durch *m* und *ŋ* ersetzt; lateinisch **nf** wird nicht **mf**, sondern im Gegentheil geht **mf** in **nf** über; die Italiäner, Spanier und Walachen haben das neugriechische **mf** zu **nf** gemacht; ebenso ist **mf** im Deutschen zu **nf** geworden (fünf); wir sagen niemals Feŋchel,

[1] Wenn im Litauischen und Altsächsischen ein Nasal erst in späterer Zeit vor einen Reibelaut gerückt worden, bleibt er unversehrt.

m a *ŋ* c h e r, M ü *ŋ* c h e n, t ü *ŋ* c h e n, und sprechen sogar das griechische *ΓΧ* nicht wie *ŋç*, sondern wie *nç* (vgl. Buttmann, griech. Gramm. I, Berlin 1830, 21; K. L. Schneider, Elementarlehre der lat. Spr. I, Berlin 1819, 316).

Hingegen im Indogermanischen wird *n* vor **b** immer zu *m* wie vor **p**, und vor **g** zu *ŋ* wie vor **k**.

Siebenter Beweis für die indogermanischen Schlusslaute.

Wir haben eine Abneigung zwei Reibelaute nach einander zu sprechen. Im Send wird -śs, -çs zu s; im Kirchenslawischen sśt, zźd (aus stś, zdź für stj, zdj) zu śt, źd; im Neugriechischen *ΦΘ, ΕΥΦ, ΑΥΘ, ΣΘ, ΧΘ* immer zu *ft, eft, aft, st, xt* (wenn die Gebildeten, verführt durch die missverstandene alte Orthographie, sich etwa bemühen, auch in dieser Stellung das *Θ* als Reibelaut zu sprechen, so ändert dies an dem volksthümlichen Gebrauche nichts); im Angelsächsischen þs gewöhnlich zu ss; die Engländer sprechen **sth** und **phth** (z. B. asthma, Esther, diphthong, ophthalmia) als *st, pþ*, nicht als *sþ, fþ*; *s* schwindet vor schwedischem *ś* = **kj, tj**, vor italiänischem *ś* = **k** vor **i** und **e** (das jetzige ital. *ś* steht also für *stś*) und vor spanischem *þ* = **k** vor **i** und **e** (z. B. c o n o c e r = lat. c o g n o s c e r e); ebenso im Alemannischen vor *ś* z. B. in *fràntséś* (französisch), *tìś* (dies ist), *tànts* (tanzest), *śmiś* (schmeissest), *mýś* (musst). *kréśt* (grösste), *peśt* (besste) u. s. w.; R. Benedix (der mündliche Vortrag, I. Lpz. 1868, 60) sagt H o l z s c h u p p e n, M o o s s t r a u c h, H a u s s c h e i n klinge in der Umgangssprache gern wie H o l t s c h u p p e n, M o o s c h t r a u c h, H a u s c h e i n; in- und auslautend lässt der Holländer *s* für *sx̌* (**sch**) eintreten; ebenso stiess der Hochdeutsche das *x̌* von **sch** in allen Stellungen aus, so dass nur **s** blieb, welches vor **ch** wie vor **t, p, l, m, n, w** und wie hinter **r** früher immer *ś* lautete (die Untersuchung, welche mich zu diesem Ergebniss geführt, werde ich später veröffentlichen).

Im Gegensatz zu allen Reibelauten scheuen die indogermanischen **b, d, g** die Berührung mit vorhergehendem **s** (oder **z**) gar nicht; namentlich wird **sd** (oder **zd**) weder zu **s** (oder **z**), noch zu **d**; das Send macht sogar **dd** zu **zd**.

Achter Beweis für die indogermanischen Schlusslaute.

Rapp, Stokes, Paul und Andere betrachten den Uebergang von b in m als einen Beweis für die Reibelautnatur des b. Untersuchen wir die Sache genauer.

Ein Nasenlaut unterscheidet sich von einem Mundlaut dadurch, dass erstens das Gaumensegel nach vorn gezogen ist, damit der Weg durch die Nasenhöhlen frei sei, zweitens der Mund geschlossen; bei einem Mundnasenlaut hingegen hat die Luft freien Ausfluss sowohl durch den Mund als durch die Nase.

Wenn man annimmt die u, a, i, v, j, s, r, l u. s. w. seien ursprünglich nicht Mundlaute gewesen, sondern genäselt worden, wie es ja Leute gibt, welche fortwährend „durch die Nase" reden, dann wäre der Uebergang von v, j, đ, tön. s in *m*, *η*, *n* sehr leicht, denn es brauchte dabei nur Mundverschluss einzutreten. Jene Annahme wird aber niemand billigen wollen. Da heut zu Tage das Näseln aller Laute nur als eine vereinzelte Unart vorkommt und da es offenbar weit bequemer ist das Gaumensegel frei und schlaff herunterhängen zu lassen, statt es durch Muskelanspannung nach hinten zu ziehen, so wäre gegen früher eine Steigerung eingetreten, welche man einstweilen durch nichts zu begründen weiss. Ferner hätten dann *m*, *n*, *η* häufiger aus andern Lauten hervorgehen müssen, namentlich aus den Schlusslauten, deren Vorhandensein ja sicher bezeugt ist; ein Nasal verhält sich zu einem Schlusslaut genau wie z. B. ein genäseltes o zu einem ungenäselten. Wir müssen daher voraussetzen, dass früher die Mundnasenlaute gar nicht oder doch nur ausnahmsweise vorkamen.

Soll ein Mundlaut zwischen zwei Mundlauten durch einen Nasenlaut ersetzt werden, so gibt es drei Möglichkeiten.

1. Statt den Mund offen zu lassen, müsste man ihn schliessen; statt den Choanenverschluss beizubehalten, müsste man ihn lösen; beides müsste zu gleicher Zeit geschehen. Dies ist ganz unwahrscheinlich; da es offenbar aller Bequemlichkeit widerspricht, ferner zwei gleichzeitige von einander ganz unabhängige Veränderungen erfordert und endlich dem Ohre sehr auffällig ist. Es wird auch schwerlich je vor-

kommen, dass jemand zwischen reinen Mundlauten aus Versehen, durch sog. Sichversprechen *m, n, ŋ* statt **w**, tön. **s**, j hervorbringe.

2. Zunächst träte die Lösung des Choanenverschlusses ein, so dass die Mundlaute, z. B. **v**, **đ**, j durch genäselte v, **đ**, j verdrängt würden. Nachdem dies fester Sprachgebrauch geworden, würden in späterer Zeit die Mundnasenlaute zu Nasalen. Aber man sieht nicht ein, warum ein Mundlaut zwischen zwei Mundlauten gegen alle Bequemlichkeit genäselt werden soll.

3. Zuerst würde der Mundverschluss üblich werden und in einer folgenden Periode die Oeffnung der Nasenhöhlen, also z. B. **v** zu **b** und später **b** zu **m**. Aber der Uebergang von Mundlaut in Schlusslaut ist unwahrscheinlich; und denjenigen von Schlusslaut in Nasal hat man ja bedenklich gefunden und deshalb vorausgesetzt, **m**, **n** könnten nur aus Reibelauten hervorgehen.

Ganz anders verhält es sich mit dem Uebergang von Schlusslauten in Nasale; derselbe wird herbeigeführt einfach durch Lösung des Choanenverschlusses und ist, da Nasale bequemer sind als Schlusslaute, eine Erleichterung. Wer an einem Defekt des weichen Gaumens leidet, muss bekanntlich immer Nasale statt der Schlusslaute hervorbringen.

Dass im Deutschen, Slawischen und Litauischen das **b** des Suffixes **bhi** zu **m** geworden, kann also nur ein Beweis mehr für den Schlusslaut sein.

Von physiologischer Seite ist zwar nichts einzuwenden, wenn man **v**, **đ**, tön. **s**, j vor oder hinter Nasalen durch Vermittlung von genäselten **v**, **đ**, tön. **s**, j zu *m, n, ŋ* werden lässt; nur ist zu erinnern, dass der Uebergang von Schlusslaut in Nasal unmittelbarer und einfacher ist.

Es bedarf kaum der Erwähnung, dass *p, t, k* bei offenen Choanen nicht wesentlich anders klingen als sonst, und dass sie jedenfalls dadurch nicht zu *m, n, ŋ* werden, so dass also der Uebergang von **b**, **g** in **m**, **n** ein weiteres Zeugniss gegen die Annahme ist, **b**, **g** seien Tenues gewesen wie in den heutigen hd. Mundarten.

Neunter Beweis für die indogermanischen Schlusslaute.

Wie die Süddeutschen *mp, nt, ηk* sprechen, wenn sie sich bestreben die romanischen **b, d, g** nachzuahmen (s. oben 9), so umschreiben die alten Aegypter das **d** von Darius durch **nt** (Lepsius, Königsbuch der alten Aegypter, I. Berlin 1858, 172), eine Orthographie, welche sich unmöglich auf etwas Anderes als auf einen Schlusslaut beziehen lässt.

Unursprüngliche Schlusslaute.

In einigen Fällen dienen **b, d, g** zur Bezeichnung von Lauten, welche ihrer Entstehung nach zunächst nur Schlusslaute gewesen sein können. Damit allein ist freilich nicht bewiesen, dass sie dies auch noch in der Folgezeit waren. Ebenso wenig geht daraus hervor, dass die übrigen **b, d, g** mit ihnen lautlich übereinstimmten; denn gesetzt die alten **b, d, g** wären Reibelaute gewesen, was hätten dann die neu aufgekommenen Schlusslaute für eine Bezeichnung erhalten sollen? Offenbar konnten sie nur mit den Buchstaben der nächst verwandten und akustisch ähnlichst klingenden Laute geschrieben werden. Gleichwohl mögen diese Fälle hier Erwähnung finden, wenn auch nicht als Beweise.

b, d, g sind zuweilen aus **p, t, k** hervorgegangen, namentlich im Lateinischen und noch viel öfter im Romanischen.

In **mr, ml, nr** schiebt man wohl Schlusslaute ein, aber keine Reibelaute; noch heute werden **g, d, b** im Neugriechischen durch vorhergehende Nasale vor dem Uebergang in **j, đ, v** geschützt (Deffner, Stud. IV, S. 238; 244; 251).

Der erste Bestandtheil der indogermanischen Aspiraten.

Ich habe noch zu begründen, warum ich die **b, d, g** der indogermanischen **bh, dh, gh** den übrigen **b, d, g** gleichgestellt habe.

Nähmen wir an, die indog. **bh, dh, gh** seien einlautig gewesen, so könnten wir sie als offenbar weder mit **p, t, k** noch mit **b, d, g** identisch, kaum für etwas Anderes als für Reibelaute erklären.

Aber im Altgriechischen entsprechen ihnen *ph, th, kx,* in den heutigen indischen Mundarten *bh, dh, gx;* dass sie im Altindischen ebenfalls durch solche Lautgruppen vertreten waren, ergibt sich aus den Beschreibungen der Sanskritgrammatiker. Alles dies ist ebenso wie das im Altindischen regelrechte Eintreten von **p**, **t**, **k** für **bh**, **dh**, **gh** vor Pausen mit der Voraussetzung ursprünglicher Reibelaute völlig unvereinbar.

Nicht besser verträgt es sich mit der Einlautigkeit der indg. **bh**, **dh**, **gh**, dass wir beinahe in allen indog. Idiomen tönende Laute, hingegen im Zigeunerischen, sowie in den griechischen und italischen Mundarten mit Ausnahme des Makedonischen und zum Theil des Lateinischen (ob die umbrischen und oskischen **f** und **h** inlautend immer stimmlos waren, muss dahin gestellt bleiben) stimmlose Laute als Vertreter der alten **bh**, **dh**, **gh** vorfinden. Halten wir das Nichttönen für das Ursprüngliche, so bleibt die Uebereinstimmung unbegreiflich, mit welcher die Slawen, Litauer, Germanen und Kelten einerseits und die weit davon abliegenden Baktrer und Inder andrerseits die **bh**, **dh**, **gh** tönend machten, ohne zugleich eine beträchtliche Anzahl von **s**, **p**, **t**, **k** in **z**, **b**, **d**, **g** zu verwandeln, und können wir uns ferner nicht vorstellen, was es für stimmlose Laute gewesen sein sollen, welche im Griechischen und Zigeunerischen zu *ph, th, kx* werden konnten, während sie sich im Makedonischen, Keltischen, Litauischen, Slawischen, Send und Germanischen durch **b**, **d**, **g** verdrängen liessen! — Denken wir uns die indog. Aspiraten als einzelne Stimmlaute, so steht die Thatsache entgegen, dass die zigeunerischen, griechischen und italischen Mundarten, in welchen die **bh**, **dh**, **gh** durch stimmlose Laute vertreten werden, nicht auch die **b**, **d**, **g** zu **p**, **t**, **k** gemacht haben, und dass sich im Lateinischen gerade die entgegengesetzte Neigung zeigt, Tenues durch Schlusslaute zu ersetzen.

Eben dieselben Gründe sprechen gegen die Annahme, die indog. **bh**, **dh**, **gh** seien zweilautige Verbindungen gewesen, deren Bestandtheile entweder beide stimmlos, oder beide tönend waren [1].

[1] Es bedarf kaum der Erwähnung, dass auch die von Sievers (Grundzüge der Lautphysiologie, Lpz. 1876, 93 f.) behauptete Lautform

Denken wir uns aber die alten **bh, dh, gh** als Lautgruppen, deren erster Theil tönend und deren zweiter stimmlos war, so erklärt sich die ungleiche Vertretung in den verschiedenen Sprachen auf das beste: die allermeisten entledigten sich der unbequemen Verbindungen, entweder indem sie den ersten Bestandtheil, welcher für das Ohr am stärksten hervortrat, beibehielten und den zweiten ausstiessen, oder indem sie den ersten dem zweiten assimilirten und ihn durch einen stimmlosen Laut ersetzten.

Die *bh, dh, gx* der heutigen indischen Sprachen, d. h. tönende Schlusslaute, auf welche ein deutlich vernehmbares *h* (oder *x*) folgt, bestätigen nicht nur das Ergebniss unserer Betrachtungen auf das glänzendste, sondern weisen, auch wenn wir von den andern Sprachen ganz absehen, entschieden auf das Ursprüngliche hin. Das Zusammenstossen von Schlusslauten oder tönenden Reibelauten mit Stimmlosen, wie es in den heutigen indischen *bh, dh, dʃh, gx* vorliegt, kann in der Ursprache (welche, wie Schleicher mit Recht annahm, die Bequemlichkeitsgesetze noch nicht gekannt zu haben braucht) sehr wohl vorgekommen sein, ist aber so unbequem und dem Indischen so fremd, dass wir unmöglich annehmen dürfen, es sei erst später herbeigeführt worden. Es kann also keine Rede davon sein, dass die *b, d, g* der heutigen indischen *bh, dh, gx* auf frühere *p, t, k* zurückgehn, und ebenso wenig davon, dass deren *h* (oder *x*) sich aus irgend welchen tönenden Mundlauten entwickelt habe.

Gegen die Annahme ursprünglicher Affrikaten erheben sich überdies noch andere gewichtige Bedenken.

Der Schwund des **h** ist aus dem Romanischen, Neugriechischen und auch aus dem Hochdeutschen und Altnordischen bekannt genug; hingegen ist derjenige von Reibelauten hinter Tenues oder Schlusslauten, welchen wir annehmen müssten wenn wir die litauischen, slawischen, keltischen und germanischen **b, d, g** aus **bƀ, dđ, gʒ** ableiten

---

nicht ursprünglich sein kann. selbst wenn sie überhaupt im heutigen Indien vorkommt. Es ist möglich, dass sie in den meisten indogermanischen Sprachen den Uebergang von der Medienaspirata zur blossen Media vermittelt hat.

wollten, ein ganz unerhörter, gegen welchen zahlreiche (weiter unten zu erwähnende) Beispiele des Schwindens von **d**, **p**, **t**, **k** vor Reibelauten sprechen.

Es ist auch an sich ganz und gar unwahrscheinlich, dass **pf**, **tþ** oder **bb**, **dd** zu *ph th* oder *bh, dh* werden können, da *h* im Gegentheil eine ausgesprochene Neigung hat, hinter *p, t, k* in die Reibelaute *f, þ (s), x* überzuspringen.

Für die Priorität des **h**, möge es unser *h* oder ein ähnlich klingender Laut gewesen sein, zeugt noch Folgendes. 1. Im Altindischen tritt für **bh**, **dh**, **gh** nicht selten blosses **h** ein. 2. Im Indischen und im Altgriechischen entstehen Aspiraten durch Zusammenstoss von Medien oder Tenues mit **h**. 3. Da die griechischen **dz**, **ps**, **ks** Umstellung erleiden können, wäre es, wenn **ph**, **th** = *pf, tþ* gewesen wäre, unbegreiflich, dass **ph**, **th**, **kh** nie zu **hp**, **ht**, **hk** wurde. 4. Als im Griechischen **t** und **d** vor **s** ausfielen, hätte auch das *t* in *Θ* (= **th**) schwinden müssen, wenn es irgend einen Zischlaut hinter sich gehabt hätte. 5. Die Römer haben *Φ* und *Θ* wohl als **p** und **t**, nie aber als **pf** und **ts** aufgefasst.

Gegen die Beweise, dass die indg. **bh**, **dh**, **gh** ursprünglich echte Aspiraten waren, hat man Aeusserungen einiger indischen Grammatiker geltend machen wollen. Darauf ist Folgendes zu erwidern. So verfehlt es wäre, wenn man den Sandhi für eine gelehrte Klügelei erklären wollte, so muss man doch auch nicht jede Angabe irgend eines indischen Grammatikers für ein untrügliches Evangelium halten, denn es gibt in der indischen Lautphysiologie Dinge, welche sicher auf mangelhafte Beobachtung oder auf spitzfindige Regelmacherei zurückzuführen sind. Ferner wird in gewissen Stellungen *h* gern durch andere Reibelaute verdrängt und fällt zuweilen die Entscheidung, ob dies geschieht oder nicht, dem Ohre sehr schwer (vgl. Kuhns Zeitschrift XXI, S. 59)[1]; beides kommt möglicherweise noch in den heutigen Mundarten Indiens vor; werden die verschiedenen Fälle nicht auseinander gehalten, so kann es leicht geschehen, dass der

---

[1] Sievers (Jenaer Literaturzeitung 1874, 304) sagt, dass man die [anlautenden] P, T des Dänischen sehr oft als eine Art *pf, ts* zu vernehmen m e i n e.

Eine nur Aspiraten, der Andere nur Affrikaten anerkennt, obgleich beide im Sprechen ganz genau mit einander übereinstimmen. Endlich mussten sich in dem weiten Gebiete der Gangesländer schon früh zahlreiche Mundarten bilden; wer will nachweisen, dass es darunter nicht auch solche gegeben hat, welche die Aspiraten durchgängig durch Affrikaten ersetzten?

Ein anderer Einwand stützte sich auf die angebliche Unmöglichkeit anlautende *bh, dh, gx* zu sprechen. Hätte sich Brücke durch theoretische Erwägungen und nicht durch seine zufällige Sprachgewohnheit leiten lassen, so hätte er nie behaupten können, dass eine enge Verbindung von Schlusslauten mit folgendem *h* unmöglich sei. Wenn *h* z. B. in *ha, ah* unmittelbar neben tönenden Vokalen gesprochen werden kann, was doch wohl auch Brücke nicht bezweifelt, so folgt daraus, dass der Kehlkopf fähig ist ohne irgend eine Vermittlung vom Tönen zum *h*-Geräusch überzugehen. Wenn ferner in *mo* der faukale Verschluss für *o* in demselben Augenblick eintritt, wo sich der bilabiale löst, oder wenn in *ǫs* der faukale Verschluss für *s* in demselben Augenblick eintritt, wo die Stimme verstummt, so sieht man nicht ein was uns hindern sollte, in *bh, mh* die Lippen in demselben Augenblick zu öffnen, wo die Stimme verstummt und das *h* beginnt.

Wenn, wie gezeigt worden, die indog. **bh, dh, gh** echte Aspiraten waren, so ist es von vornherein wenig wahrscheinlich, dass die Aspiration sich nur mit solchen Lauten verbunden haben soll, welche sonst in der Sprache nie vorkamen; der erste Bestandtheil der indog. Aspiraten ist daher als Schlusslaut zu betrachten, wozu die *bh, dh, gx* des Indischen, die *ph, th, kx* des Altgriechischen und Zigeunerischen und die *b, d, g* der übrigen Sprachen sehr gut stimmen.

III. Die urdeutschen **b, d, g.**

Die altdeutschen Lautverhältnisse sind sehr schwierig zu beurtheilen.

In die hier und da laut gewordenen Klagen darüber,

dass die Deutschen ihre nationale Schrift aufgegeben haben, vermag ich zwar nicht einzustimmen, denn dieselben beruhen auf einer irrigen Auffassung des Verhältnisses zwischen Laut und Buchstabe. Gesetzt es wäre im Lateinischen kein einziger der germanischen Laute üblich gewesen, so ist es selbstverständlich, dass man dieselben durch die Zeichen der nächstverwandten lateinischen Laute ohne den mindesten Uebelstand hätte darstellen können. Der Fehler liegt vielmehr darin, dass der Schreiber das einmal gewählte Zeichen oft nicht folgerichtig durchführt und dass er akustische Unterschiede nicht immer auch für das Auge deutlich macht. Hätte die Beibehaltung der Runen zur Folge gehabt, dass der gutturale Reibelaut *(h)* und der palatale *(x)*, ferner die für b. d, g eintretenden Mundlaute und die Schlusslaute scharf gesondert worden wären? Gewiss nicht. War der Schreiber unfähig gewisse lautliche Unterschiede in seiner Sprache wahrzunehmen und ein unzureichendes Alphabet durch Erfindung einiger neuen Buchstaben zu ergänzen, so war es völlig einerlei, ob er sich einer einheimischen oder einer fremden Schrift bediente.

Abgesehen von dieser Verworrenheit steht die Orthographie der germanischen Sprachen unter dem Einflusse der lateinischen und der romanischen: noch heute behauptet mancher, welcher die b, d, g nicht als Schluss-, sondern als reine Schlaglaute spricht, man müsste eigentlich liept, lepst, Ampt u. s. w. für liebt, lebt, Amt u. s. w. schreiben, obgleich sich in seinem Munde jenes p von dem b in beben, bin u. s. w. höchstens durch weit geringere Schallstärke unterscheidet; offenbar denkt er an die lateinischen pt, ps, mpt für bt, bs, mt. Rissmann (in den Erläuterungen zu den orthogr. Thesen des Görlitzer pädagog. Vereins) erwähnt, dass weiche Stammkonsonanten sich vor t verhärten und gibt als Beispiel sprengte, welches angeblich sprenkte lautet; dies ist nur ein blosses Nachbeten anderswoher gelernter Regeln, denn erstens enthält ich sprenge *(= spräŋə)* keinen g-Laut, kann also auch keinen solchen verhärten; zweitens ist von einer Einfügung einer palatalen Tenuis in *ŋt*, oder einer labialen in *mt* keine Rede, denn der allgemeine Sprachgebrauch macht **nkt**, **mpt** zu *ŋt*, *mt*, so dass lenkte, pumpte wie längte, pummte (d. h. *läŋtə, phùmtə)* lauten. Wenn nach dem Vorbilde von **schr** (= **skr**) in der nhd. Orthographie **schw**, **schl** u. s. w. statt **sw**, **sl**, **sm**. **sn** geschrieben wurde. während die **sp**, **st** unangetastet blieben, so gibt es dafür doch kaum eine andere Erklärung, als dass in der lateinischen Orthographie wohl **sp**, **st**, aber keine **sw**, **sl**, **sm**, **sn** anlautend vorkommen. Bedenkt man, bis zu welchem Grade das deutsche Mittelalter in Literatur und Sitte von den Romanen abhängig war, so kann man es nicht von vornherein für unmöglich halten, dass der am Wortende erfolgende Eintritt von **f**, **p**, **t**, **c** für **v**, **b**, **d**, **g** nur eine bedeutungslose Nachäfferei der provenzalischen Schreibweise sei[1]. Gibt es doch noch in unsern Tagen Leute, welche jene sanskritische, provenzalische und mittelhochdeutsche Schreibung auch für ihre eigene Mundart passend finden, obgleich es ihnen nicht einfällt, die **b**, **d**, **g** im Auslaut anders zu sprechen als im Inlaut.

Einzelne Schreibungen, wie z. B. **fv**, **fu** statt **vv**, **vu**, **uv**, **uu** *(= fu)* sind durch ganz äusserliche Umstände bedingt. Andere können mönchisch-mittelalterliche Spielerei sein; wenn z. B. Otfried von dem Gebrauche der ältern Weissenburger Denkmäler (welche für gothisch-niederdeutsches **d** in allen Stellungen bald **d**. bald **t** schreiben) auffallend abweicht, indem er im Anlaut **d**, hingegen im Inlaut, wo sich doch der alte tönende Laut länger hätte halten müssen, **t** setzt, so hat man dies mit Recht als willkürliche Regelmacherei bezeichnet; er macht sogar auch die anlautenden gothisch-niederdeutschen **tr** zu **dr**.

[1] Diese Behandlung des Auslautes ist, wie es scheint, der französischen Orthographie immer fremd geblieben, aber nicht der Sprache; denn nicht nur kommt sie in der pikardischen Mundart vor (Diez, rom. Gr. I, S. 398) und klagen die französischen Orthoepisten darüber, dass die Nordfranzosen im Auslaut z. B. in robe, rive, aiguisent u. s. w. die weichen Laute durch harte ersetzen, sondern die Schriftsprache schleift die stummen D, G als T, K (grand homme = *grą̀tòm;* rang élevé = *rą̀kelwe)*, woraus sich ergibt, dass früher, als die auslautenden D, G noch lebendig waren, diese als T, K gesprochen wurden.

Ein weiteres Hinderniss verursacht die Zähigkeit, mit welcher einmal aufgekommene Schreibungen festgehalten werden, auch wenn sie in der Sprache längst keine Stütze mehr finden; es liegt im Wesen des Schriftthums und in der Art, wie es sich von Geschlecht zu Geschlecht vererbt, dass sich, auch ohne eigentliche herrschende Schriftsprache, ein gewisses orthographisches Herkommen bildet, welchem sich jeder Schreiber unterwirft, wenn er auch in Vielem die Eigenthümlichkeiten seiner Lokalmundart berücksichtigt; z. B. ist es ganz unwahrscheinlich, dass j e d e r hochdeutsche Schreiber seine hs in a l l e n Wörtern *xs* gesprochen habe. Bei Abschriften kommt noch dazu der Einfluss der Vorlage in Betracht.

Mit dieser Unzuverlässigkeit der Orthographie ist es nicht genug. Wie uns brauchbare physiologische Beschreibungen der altgermanischen b, d, g, p, t, k fehlen, so ist auch sehr zu beklagen, dass die Lautlehre der lebenden Sprachen und Mundarten meist nur eine ganz unzureichende Behandlung findet. Ich will absehen davon, dass unter dem Namen „Lautlehre" gewöhnlich nur eine Darstellung der Orthographie gegeben wird; würde sich daran eine befriedigende Angabe der sogenannten „Aussprache" anschliessen, so könnte man immerhin, wenn auch oft nur mit grossem Aufwand von Zeit und Mühe, sich klar machen, was für L a u t e in der heutigen Sprache etymologisch einem bestimmten B u c h s t a b e n der ältern Orthographie entsprechen und könnte daraus Schlüsse ziehn auf die L a u t e der frühern Zeit. Aber die Lautbeschreibungen verrathen sehr häufig eine völlige Unbekanntschaft mit den Fortschritten, welche die Sprachphysiologie in den letzten Jahrzehnten gemacht hat; man findet gewöhnlich die alten vieldeutigen oder nichtssagenden Schlagwörter „Medien, aspirirt, dumpf, trüb, weich, hart" u. s. w. ohne weitere Erklärung. Es wird von Mittelstufen gesprochen zwischen Lauten, welche keineswegs in einem bloss relativen Gegensatz zu einander stehen und welche sich durch m e h r e r e Merkmale von einander unterscheiden. Der herkömmlichen Schreibung oder der Etymologie zu lieb erklärt man Dinge für verschieden oder bloss für ähnlich, welche vollkommen gleich und übereinstimmend sind. Ein Dialektforscher findet im Oberdeutschen beinahe keine „p", ein andrer hingegen behauptet, dieselben seien nicht gerade selten; der Himmel weiss, was jeder sich unter einem „p" vorstellt.

Es ist aber auch nicht etwa damit gethan, dass man die Benennungen Brückes an Stelle der althergebrachten setzt, ohne sich über das Wesen der Laute die man beschreiben will, klar geworden zu sein; es kann die Verwirrung nur steigern, wenn man von Reibelaut spricht, wo ein solcher gar nicht vorhanden ist, oder wenn man alle die Laute, welche in den verschiedenen Mundarten für ein **b** gelten, „tönende Verschlusslaute" heisst. In Pauls und Braunes Beiträgen zur Geschichte der deutschen Sprache I, S. 183 steht: „In Schlesien und dem grösseren östlichen und südlichen Theile von Obersachsen wird [für **g**] Verschlusslaut gesprochen, im Inlaut tönender, im Auslaut nach den mir etwas zweifelhaft erscheinenden Angabén von Weinhold und Rückert in Schlesien wenigstens nach langem Vokal gleichfalls tönender, in Sachsen tonloser". Hingegen einer brieflichen Mittheilung, welche ich der Gefälligkeit von Herrn Dr. Rumpelt in Breslau verdanke, entnehme ich, dass der Schlesier 1) nicht fähig sein soll, im Auslaut die „Lenis" zu sprechen; 2) weder in der Schriftsprache, noch in der Mundart tönende „Lenis" besitzt. — Manchen Dialektforschern ist es offenbar ganz unmöglich, zwischen Schlusslaut, reiner Tenuis und echter Aspirata zu unterscheiden, kein Wunder, dass ihre Angaben für unsere Untersuchung völlig werthlos sind. Dass man bei Vielen nicht die nöthigen physiologischen Kenntnisse voraussetzen darf, ist übrigens ein arger Uebelstand; dadurch wird man genöthigt die einfachsten Dinge weitläufig zu erörtern, und wird der Gang der Untersuchung oft sehr schleppend.

Andrerseits tritt in Fällen, wo man sich von dem mundartlichen Laut eine deutliche Vorstellung machen kann, die unglückselige Neigung sogar in wissenschaftlichen Werken etymologische Schreibungen zuzulassen, sehr störend hervor. In Dialektschriften, welche zur Unterhaltung des grossen

Publikums bestimmt sind, ist es zu entschuldigen, dass man die Gewohnheit des Auges möglichst schont und alle Mittel anwendet, um das Verständniss des Sinnes zu erleichtern; aber für die Wissenschaft, welche sich bei Aufstellung des mundartlichen Stammbaumes hauptsächlich auf die Lautverhältnisse stützen muss, wird dadurch die grösste Verwirrung angerichtet.

Endlich fehlt es an einer eingehenden und ziffermässigen Statistik über die Orthographie der einzelnen Denkmäler; die Angaben stehen nicht selten mit einander in Widerspruch oder sind zu allgemein gehalten; natürlich sind die Handschriften selbst und nicht die Korrekturen oder Druckfehler der Herausgeber zu Grunde zu legen.

Die urdeutschen **b, d, g** *waren tönend.*

In den meisten germanischen Idiomen sind die heutigen Vertreter der alten **bh, dh, gh** tönend. Was Niederdeutschland anbelangt, bedarf es für jeden der Ohren hat, keines weiteren Beweises; für England ist es durch die Grammatiker ausdrücklich verbürgt; für Island, Dänemark und Schweden ist das Tönen des labialen und palatalen Inlautes nicht zu bezweifeln; dasselbe findet man regelmässig durchgeführt sogar in mehreren süd- und mitteldeutschen Mundarten, in welchen sonst alle stimmlosen Laute nicht tönend werden, so dass es nicht für eine Neuerung gelten kann. Ferner kommt für **sd, sg** im Gothischen **zd, zg** und in andern germanischen Sprachen **rd, rg** (z. B. im altsächsischen h o r d, m a r g) vor. Da nun die ersten Bestandtheile der indog. **bh, dh, gh** Stimmlaute waren und ihre heutigen deutschen Vertreter es ebenfalls sind, so müssen wir auch den urdeutschen **b, d, g** dieselbe Eigenschaft zuschreiben.

Waren die urdeutschen **b, d, g** *Mundlaute?*

„Viele Sprachen bieten in den schwachen (d. h. „unbetonten") Silben gewöhnlich einen Mittellaut zwischen **ŏ** und **a**, welchen man (unphysiologisch genug) ‚Naturlaut, reinen Stimmton' getauft hat. Eine solche Uebereinstimmung kann nicht zufällig sein: ə ist der u r s p r ü n g l i c h e Selbstlauter der schwachen Silben; aus ihm haben sich später andere Vokale entwickelt, wie z. B. das a im nhd. **Nachbar** aus dem ə des mundartlichen *nóxpər*". — Niemand wird in Abrede stellen, dass dies ein ganz gediegener Fehlschluss ist. Auch wenn alle lebenden Sprachen des Erdballs keinen andern schwachen Mitlauter als ə besässen, und die schriftlichen Denkmäler der ältern Zeit uns nicht erhalten wären, so liesse sich leicht erweisen, wie verkehrt jene Folgerung ist, welche Dank dem mechanischen Verfahren der vergleichenden „Lautlehre" (wie man unsere vergleichende Orthographie nennt) leider nicht die einzige ihrer Art in der Sprachforschung wäre. Daraus, dass in verschiedenen Idiomen ein gewisser Laut dieselbe Veränderung erleidet, geht noch nicht hervor, dass dieselbe schon der gemeinsamen Ursprache zuzuschreiben ist, sondern sie kann auch nach der Spaltung und Trennung eingetreten sein, wenn sie auf einem physiologischen Gesetz beruht, durch welches sie im Lauf der Zeit beinahe mit Nothwendigkeit herbeigeführt wird. Deshalb würde auch ein ausnahmsloses Auftreten von Mundlauten für die indog. bh, dh, gh in den deutschen Sprachen nicht das Mindeste gegen die Ursprünglichkeit urdeutscher Schlusslaute beweisen, da ja die Möglichkeit, dass diese letztern blosse Verengung statt des Verschlusses haben eintreten lassen, durch physiologische Gesetze und zahlreiche sichere Beispiele unzweifelhaft feststeht. Und bei näherer Untersuchung wird die Möglichkeit zur Gewissheit.

Ein Hülfsmittel, welches vermöge seines hohen Alters sehr werthvoll sein könnte, lässt uns leider für unsere Frage im Stich. So lange der Nachweis fehlt, dass die Finnen und Lappen im Besitze von ƀ, đ, ʒ waren zur Zeit wo sie germanische Wörter in ihre Sprache aufnahmen, können wir nicht entscheiden ob sie schon deutsche ƀ, đ, ʒ vorfanden oder nicht; wenn sie für germ. b und g nicht w und j setzen, so folgt daraus bloss, dass b kein *u*-Laut war und dass g keine antepalatale Verengung hatte. Fremde ƀ, đ, ʒ hätten sie unter diesen Umständen durch *b, d, g,* und in allfälliger Ermangelung solcher durch *p, t, k* wiedergeben müssen. Ein Volk nimmt selten fremde und ungewohnte Laute an, sondern ersetzt dieselben durch die ihm geläufigen nächstähnlichen, auch wenn diese nächste Aehnlichkeit eine sehr entfernte ist; die heutigen Inder sprechen in englischen Lehnwörtern *p* oder *ph* für *f* und die alten Griechen machten es mit dem lateinischen f nicht besser. — Zum Glück steht uns andrer Stoff zu Gebot, der vollkommen ausreicht.

Im In- und Auslaut haben allerdings sämmtliche germanischen Sprachen mit Ausnahme einiger hochdeutschen Mundarten regelmässig tönenden Mundlaut für die alten **bh**, **dh**, **gh**, wie aus folgender Uebersicht hervorgeht[1].

Die gothische Orthographie hat **b**, **d**, **g**; vor **s** und am Ende des Wortes werden **b**, **d** durch **f**, **þ** ersetzt. Will man diese beiden Buchstaben als Zeichen für die Lautgruppen *ph, th* auffassen, so ist im Allgemeinen der Uebergang von Schlusslaut in Aspirata *(ph, th)* vor s als ganz wohl möglich anzuerkennen, denn abgesehn von Anderm, dessen Erörterung hier zu weit führen würde, schrieben die Attiker in demselben Falle **ph**, **kh** — deren Werth als Aspiraten unzweifelhaft ist — statt **b**, **p**, **g**, **k**, und erklärt der indische Grammatiker Pauschkarasâdi (Benfey, vollständ. Gramm. der Sskritsprache, Lpz. 1852, 26), entgegen dem gewöhnlichen Schriftgebrauch, vor Reibelauten den Uebergang von **p**, **t**, **k** in **ph**, **th**, **kh** für zulässig; ebenso im Auslaut: es gibt Leute, welche im Gegensatz zum Sanskrit vor Pausen nicht reine Tenuis zu sprechen vermögen; K. Regel sagt in seinem Buche „die Ruhlaer Mundart“, Weimar 1868. S. 65 und 73, eine eigentliche „Tenuis“ [d. h. nach hochdeutscher Auffassung; also in Wirklichkeit echte Aspirata] komme höchstens im Auslaut vor; in- und anlautend werde immer **b**, **d** [nach hochdeutscher Auffassung; also in Wirklichkeit echte Tenuis] gesprochen. Aber wenn unsere gothischen **-f**, **-þ** für **-b**, **-d** das Eintreten von echten Aspiraten andeuten sollten, so hätten auch die gothischen **p**, **t** zu **f**, **þ** werden müssen, während sie doch vor **s** und im Auslaut unverändert bleiben (von **k** darf hier nicht die Rede sein, weil **h** als unbestrittenes

[1] Es ist ein Verdienst von Paul, dieser Thatsache zur gebührenden Beachtung verholfen zu haben (s. Beiträge zur Gsch. der deutsch. Spr. I, S. 147 ff.).

Zeichen eines Reibelautes nicht für *kx* verwendbar war). Eine andere Deutung, nämlich dass die bh, dh in jener Stellung zu p, t geworden und diese mit den indg. p, t später in f, þ übergegangen seien, ist ebenfalls verfehlt. Denn auch angenommen, dass schon vor der Lautverschiebung die Verhärtung der Auslaute Gesetz war und dass ferner schon damals alle betreffenden b, d im Auslaut oder vor s standen, so hätte dann in letztern Stellungen nicht bloss k und später h für gothisches g, sondern auch p, t, k und später f, þ, h für die indogermanischen b, d, g eintreten müssen. Es bleibt nur diese eine Erklärung übrig, nämlich dass b, f, d, þ wenigstens in- und auslautend Mundlaute darstellten und in derselben Weise wie z und s mit einander wechselten. Dass b, d in denselben Fällen zuweilen auch keine Vertauschung erleiden (z. B. hlaibs neben hlaifs), ist bloss orthographisch wie sich ja auch z im Auslaut findet; in den provenzalischen Handschriften kommt das Auslautsgesetz keineswegs so regelmässig zum Ausdruck wie in unsern Ausgaben, obgleich die Leys ausdrücklich bezeugen, dass die Buchstaben b, d, g, v, z am Ende des Wortes und vor s immer wie p, t, c, f, tz gesprochen wurden (Diez, I, S. 398); im Sanskrit darf nach Pânini im Auslaut vor Pause auch b, d, g geschrieben werden; andere Orthographien wie z. B. diejenige des Litauischen bezeichnen das „euphonische“ Eintreten stimmloser Laute für tönende überhaupt nicht.

Das Altsächsische schreibt ƀ (auch v: im Auslaut und vor Konsonanten f) und zwar auch für inlautendes gothisches f.

Das Altnordische und das Angelsächsische zeigen f für altes b wie für altes f; ersteres hat đ, þ für goth. d wie für goth. þ. g für j ist sehr häufig, namentlich im Ags., wo im Auslaut nach Konsonanten und nach langem Selbstlauter gewöhnlich h für g eintritt.

Im Altfriesischen wird im Auslaut ch statt g geschrieben.

Das Neuisländische, Schwedische, Dänische, Englische Holländische, Niederdeutsche und manche hochdeutschen Mundarten sprechen die germanischen b, g innerhalb des

Wortes als tönende Mundlaute; das Isländische und das Dänische behandeln die in- und auslautenden **d** ebenso.

Gewöhnlich scheinen die inlautenden Vertreter der urdeutschen **b**, **d**, **g** Reibelaute gewesen zu sein; es ist aber festzuhalten, dass Schlusslaute ebenso gut zu Vokalen (mitlautenden *i* und *u*), oder zu Lauten von derselben Art, wie das nhd. **w** (welches keine Spur weder von bilabialem noch von labiodentalem *f* enthält) werden können. Wenn im Französischen Ausfall des tönenden **s** zwischen Selbstlautern unerhört ist, so können die zahlreichen **b**, **d**, **t**, **g**, **c**, welche in derselben Stellung geschwunden sind, niemals Reibelaute gewesen sein. — Vokale (nicht tönende Reibelaute) sind daran zu erkennen, dass sie vor Stimmlosen stehen können: im Elsässischen bleiben die aus **g** hervorgegangenen *i*, *y* und *u* völlig unverändert, wenn sie durch Schwund eines ehemals vorhandenen Vokales vor nichttönende Laute oder an das Wortende gerückt worden; ein „euphonisches" Eintreten von *ç* und *x* für **g** kommt nicht vor; z. B. *pətrîiə* (betrügen), *pətrîi* (betrüge), *pətrîiš* (betrügst), *pətrîit* (betrügt), *máut* (Magd) u. s. w. Im Dänischen und im Thüringisch-Fränkischen findet man Aehnliches.

Es ist also erwiesen, dass in den germanischen Sprachen Mundlaute die gewöhnlichen Vertreter der indg. **bh**, **dh**, **gh** sind, aber nur in- und auslautend; anlautend kommen sie entweder gar nicht, oder nur in einzelnen Gegenden vor (nie in oberdeutschen Mundarten; dass in den nordischen Sprachen im Anlaut vor hellem Vokal **gj** für **g**, wie **kj** für **k** erscheint, gehört nicht hierher). Wir finden also im Deutschen dasselbe Verhältniss wie im Romanischen und dürfen ohne weiteres folgern, dass der Schlusslaut das Ursprünglichere ist, eine Ueberzeugung, in welcher uns das Dänische gewiss nicht irre machen wird, wenn es die ihm eigenthümlichen aus **t** und **k** erweichten **d** und **g** ebenfalls in Mundlaute hat übergehen lassen.

Auch werden wir nicht zugeben können, dass man erstens sich der Schlusslaute entledigte (urdeutsch **t** = indog. **d**), zweitens diese später wieder einführte (**d** = indog. **dh**), drittens sich ihrer wieder entledigte (hochdeutsch **t** = urdeutsch d), viertens sie angeblich abermals einführte (hochdeutsch d = urdeutsch þ), fünftens sich ihrer wiederum entledigte (*t* der heutigen süd- und mitteldeutschen Mundarten = ahd. d).

Und wenn wir aller Physiologie und aller Stätigkeit der Lautgeschichte zum Hohn die anlautenden b, d, g des Germanischen aus Mundlauten entstehen liessen, so wäre ganz unerklärlich, warum nicht auch andere tönende Mundlaute den seltsamen Trieb verspürten in Schlusslaute überzuspringen; wenn einmal die Neigung bestand, im Anlaut die Verengung durch vollständigen Verschluss zu ersetzen, so hätten auch die indog. v und j davon ergriffen werden müssen, welches auch sonst die Art ihrer Bildung gewesen sein mag. Von einer regelmässigen Umwandlung der anlautenden v, j in diesem Sinne zeigen die obenerwähnten Sprachen keine Spur; im Gegentheil. Die angelsächsische Orthographie hat allerdings beinahe stets ȝ für anlautendes j, aber nicht weil j zu g, sondern weil, wie die Schreibung cȝ statt gg zeigt, g zu einer Art j geworden war. Das Altnordische wirft im Anlaut die j ohne Ausnahme und die v vor u, o und deren Umlauten y, ö ab, was eine schlaffere Bildung voraussetzt. Weit entfernt ihre Verengung noch enger zu machen, erweitern j und v dieselbe im Ahd. zuweilen zu e und o; auch im Ags. erscheinen e für inlautende j, und im Altn. o für v.

Ueberdies finden sich im Gothischen, Nordischen, Niederdeutschen auch i n l a u t e n d e Schlusslaute.

Das in- und auslautende g im Gothischen.

Die orthographische Behandlung des gothischen g im Auslaut, vor s und vor flexivischem t (magt) weicht von derjenigen der b und d so auffallend ab, dass sie nothwendig ihren Grund in der Sprache haben muss; wenn h nicht für g eintritt wie f für b und þ für d, so ist g nicht der dem s t i m m l o s e n h entsprechende t ö n e n d e Laut gewesen.

Untersuchen wir zunächst die Geltung des gothischen h.

Wenn ein Laut leicht schwindet, so folgt daraus gar nicht ohne weiteres, dass es ein *h* war: z. B. unser uvulares r ist oft kaum hörbar, namentlich im Auslaut vor Pausen, wo es wie ein sehr schwaches *ä* klingt, so dass Jahr von Ja kaum oder gar nicht zu unterscheiden ist. Wir bemerken dies gewöhnlich nicht, weil der Zusammenhang meistens jedes Missverständniss unmöglich macht; dagegen in Wörtern, welche uns unbekannt sind, namentlich in Eigennamen wird es uns auffälliger; ich hörte in früherer Zeit meine Bekannten oft von einem gewissen Momeister sprechen; der Mann hiess aber Moormeister. In all diesen Fällen ist von einem Uebergang in *h* keine Rede.

Das gothische **h** muss jedenfalls einmal palatal gelautet haben: 1) es entsteht aus **k**, und die Römer schreiben **ch** für das altgermanische **h**; 2) es wird zuweilen tönend und wechselt mit **g**, was für *h* unmöglich ist; 3) es übt auf vorhergehendes ĕ und ŏ eine Wirkung, welche nur von einem palatalen Laut ausgehen kann. Palatal muss es noch zur Zeit des Wulfila gewesen sein, da es später in Italien an- und inlautend mehrmals durch Tenuis und Schlusslaut wiedergegeben wurde (Diez, I, S. 320 f.). Dass Wulfila nicht **h** für griechisches X schreibt, erklärt sich einfach dadurch, dass dieses damals *kx* war.

Da nun in dieser Frage nur Schluss- und Mundlaute in Betracht kommen, sind bloss folgende Fälle möglich:

I) inlt. **g** als Mundlaut war entweder

1. kein Reibelaut; also mitlautender Vokal entweder *α) i*
oder *β) u* wie oft im Dänischen, Englischen und Elsässischen.

oder 2. es war Reibelaut und hatte seine Verengung weiter vorn oder weiter hinten als **h**.

II. inlt. **g** war Schlusslaut.

War **g** ein mitlautendes *i* (wie im nhd. Spanien, Lilie, Major, Mai, Ei u. s. w.), so musste es mit dem ursprünglichen j zusammenfallen, auch wenn dieses tönendes *ç* (also gleichzeitiger Zusammenklang von *i* und *ç*) gewesen wäre; in der bekannten Wiener Handschrift hätte dann nicht gothisch j (geschrieben G) dem romanischen **g** in genuit, hingegen gothisch **g** (geschrieben Γ) dem romanischen **g** in

Gabriel gleichgesetzt werden können. Auch wäre dann die häufige Verbindung gj nicht möglich gewesen.

Da der Laut *u* eine Annäherung der Zunge an die Grenze zwischen hartem und weichem Gaumen erfordert (eine Thatsache, welche bis jetzt viel zu wenig beachtet worden, während man die unwesentliche Lippenverengung bei *u* für unumgänglich nothwendig hält), so konnte ein indog. gh mit mediopalatalem Verschluss leicht zu mitlautendem *u* werden. Aber dann wäre es mit gothischem v (geschrieben Y) zusammengefallen, auch wenn dieses eine Verschmelzung von *u* und mediopalatalem *x* war; auch machen die Italiäner das gothische v im Inlaut zu romanisch v (im Anlaut zu gu), während sie den Laut des gothischen g ganz wie denjenigen des lateinischen g behandeln (ausser vor e, i, wo er oft als Schlusslaut erscheint).

Ebensowenig kann von einem antepalatalen oder von einem mediopalatalen tönenden Reibelaut die Rede sein. Im letztern Fall wäre es entweder dem v oder dem h zu nahe gewesen; von h hätte es dann beim Stimmloswerden kaum unterschieden werden können.

Wäre also das g im Inlaut tönender Reibelaut gewesen, so bliebe für das h kein andrer Ort übrig als der antepalatale, eine Annahme deren Widerlegung leicht genug ist.

Wenn vor h und r in der gothischen Orthographie immer au, ai statt ŭ, ĭ geschrieben wird, so kann dies keinen andern Grund haben, als dass die Laute ŭ, ĭ vor folgendem h, r unbequem erschienen. Durch die Vorsetzung eines a-Lautes, welche ohnehin ganz unwahrscheinlich ist, war dem Uebelstand nicht abgeholfen, sondern es musste ein neuer Laut eintreten, was durch die Schreibungen au, ai für ŏ, ĕ in Fremdwörtern[1], ebenso wie durch die av für lateinisch-griechisch au (z. B. kavtsjo, Pavlus u. s. w.) vollkommen bestätigt wird; ob dies *o, e* oder *ò, ä* waren, ist für unsern Zweck gleichgültig. Von allen Vokalen erheischt *i* die stärkste antepalatale, *u* die stärkste medio-

[1] Diese gothischen Schreibungen lassen sich dadurch erklären, dass die indogermanischen und urgothischen AU, AI damals zu O, E geworden waren.

palatale Verengung; als *ç* hätte **h** das ĭ gerade erhalten oder (wo altes ĕ zu Grunde liegt) herbeiführen müssen wie im Strassburgischen, wo für altes ĭ und ŭ gewöhnlich *ı*, hingegen vor *ç* ausnahmslos *i* erscheint; dieselbe Wirkung hätte **r** haben müssen, wenn es mit der Zungenspitze gebildet worden wäre, wie man gewöhnlich annimmt[1]. Als mediopalatales *x* hätte **h** das ŭ begünstigt. Es bleibt also nur das postpalatale *ẋ* übrig, welches in der That weder für den vordersten noch für den mittleren Theil der Zunge eine Hebung zulässt, demnach sowohl der antepalatalen Verengung des ĭ, als der mediopalatalen des ŭ feindlich ist und beide zu verringern strebt; mit dem uvularen **r** verhält es sich ganz ähnlich: vor **r** lautet im Englischen ā nicht *é* sondern *ä*; alle Franzosen und viele Deutsche sprechen vor ihrem uvularen **r** die ō, ȫ, ē in „betonter" Silbe nicht wie gewöhnlich *ó*, *ǘ*, *é*, sondern *ô*, *ö̂*, *ä́*. Wenn das anlautende **h** in den heutigen deutschen Sprachen als *h* erscheint, so weist dies ebenfalls auf postpalatales *ẋ* zurück, dem es sehr ähnlich klingt. Endlich hätte **h** als antepalatales *ç* in den Fällen wo es tönend wurde, mit j verwechselt werden müssen, was nicht geschehen ist.

Das gothische **g** ist also auch im Inlaut als Schlusslaut aufzufassen; dafür spricht auch seine Gleichsetzung mit dem romanischen **g** in G a b r i e l, ferner sein Erscheinen im Romanischen als Schlusslaut auch inlautend vor **e**, **i**, endlich seine Schreibung im Auslaut und vor **s**: der Schlaglaut, den es in diesen letzteren Fällen zurückliess, konnte zunächst nur ziemlich schwach sein und von dem Gothen mit dem tönenden Schlusslaut verwechselt werden, wie es ja noch heut zu Tage Leute genug gibt, welche inlautend tönende *b*, *d*, auslautend aber *p*, *t* sprechen und sich des Unterschiedes gar nicht bewusst sind. Dass der Uebergang von *g* in *k* nicht bemerkt wurde, während der Wechsel von **b**, **d** und **f**, **þ** ins Bewusstsein trat, kann also nicht auffallen, um so weniger da ein so feiner Beobachter wie Brücke,

[1] Im Altnordischen, dessen Runenschrift das neue R (aus S) von dem alten unterscheidet, bewirkt ersteres I-Umlaut; letzteres, welches einen solchen Einfluss nicht ausübt, war also uvular.

welcher ganz richtig bleipt, erlepst, Wint, unt, lept schreibt, in regt, Fegfeuer einen tönenden Schlusslaut zu hören glaubt (ph. Transscr. S. 53).

Diese Deutung der orthographischen Unveränderlichkeit des gothischen **g** im Auslaut wird bestätigt durch einen weiteren Beweis für die Ursprünglichkeit der inlautenden Schlusslaute im Germanischen.

Die germ. **b, d, g** *nach Konsonanten.*

Im Altnordischen wird für altes **d** nach **l** und **n** nicht wie sonst in- und auslautend **þ** (**đ**) geschrieben; ebenso geht **b** nach **m** niemals in **f** über (zuweilen auch nicht nach **l**); beides tritt um so schärfer hervor, als die alten **lþ**, **nþ**, **mf** immer zu **ll**, **nn**, **mm** werden. **g** bleibt orthographisch in allen Stellungen unverändert, erlitt aber in der Sprache wohl dieselbe Behandlung wie **b** und **d**. Demgemäss wurden auch diejenigen **nd**, **ng** welche schon früh in den Auslaut traten, zu **nt**, **nk** und dann, wie alle **nt**, **nk** überhaupt, zu **tt**, **kk**. Die erst später auslautend gewordenen **mb**, **nd**, **ng** müssen natürlich im Auslaut, wenn nicht ein Wort mit tönendem Anlaut unmittelbar folgte, **mp**, **nt**, **nk** gelautet haben.

In der altsächsischen Orthographie trifft man nie **mƀ** für **mb**; **m**, **n** vor **b**, **d** bleiben erhalten, während sie vor den alten **f**, **þ** wie vor **s** mit Ersatzdehnung des Selbstlauters schwinden. Auch die altsächsischen **mb**, **nd** wurden im Auslaut vor Pausen und Stimmlosen offenbar **mp**, **nt** gesprochen.

Im Angelsächsischen erscheint nach **m** nicht wie sonst **f** für **b**; **m**, **n** bleiben vor **b**, **d**, fallen aber aus vor altem **f**, **þ** wie vor **s**.

Im Niederdeutschen gibt es keine **nj**, **nh** für **ng**; dieses ist im Auslaut noch heute **nk** (junk, lank u. s. w., sogar Jünklink, Gefänkniss u. s. w.).

Wenn die gothische Orthographie im Auslaut und vor **s** massenhafte **f**, **þ** für **b**, **d** zeigt, hingegen trotz den unzähligen Gelegenheiten niemals **rf**, **mf**, **rþ**, **lþ**, **nþ** für **rb**, **mb**, **rd**, **ld**, **nd**, so folgt daraus, dass der Gothe diese Verbindungen zwischen Selbstlautern mit Schlusslaut, am Wortende mit Tenuis sprach; dem Inlaut zu lieb schrieb er dieselben im Auslaut mit **b**, **d** statt mit **p**, **t**, wie er für **g** in demselben Fall überhaupt nie **k** setzte.

Ich will den Werth der Fälle wo die Schlusslaute neben Nasalen stehen, nicht zu hoch anschlagen, denn man kann zugeben, dass diese letztern die tönenden „Verschlusslaute" begünstigen: die relative Bequemlichkeit hätte dann über die absolute gesiegt; aber was sollen **r** und **l** für einen umgestaltenden Einfluss geübt haben? Aus zahlreichen Beispielen, namentlich aus der Behandlung der urdeutschen **p**, **t**, **k** nach **r**, **l**, **n** im Hochdeutschen schliesse ich, dass überhaupt in Konsonantenverbindungen ältere Laute sich gern Veränderungen entziehen, von welchen sie sonst betroffen werden.

Die germ. **b**, **d**, **g** *in der Dehnung.*

Das Altnordische schreibt **bb**, **dd** (sonst **f**, **đ** für **b**, **d** im In- und Auslaut), das Altsächsische **bb** (nicht **ƀƀ** oder **vv**), das Angelsächsische **bb**, **cʒ** (sonst wird inlt. **b** zu **f**; **cʒ** statt **ʒʒ** ist bedeutsam genug. Noch heute werden in nieder- und hochdeutschen Mundarten, welche die inlautenden **b**, **g** sonst als Mundlaute sprechen, die alten **bb**, **gg** als Schlusslaute oder als echte Tenues gehört; z. B. im Elsässischen wird inlautend **b** zu *w*, inlautend **g** nach dunkeln Vokalen zu *u*, nach *ö*, *ŷ* zu *y*, nach den andern hellen Vokalen zu *i*: *nàwl* (Nabel)[1], *kràwlə* (kriechen, klettern, kratzen), *náuə* (nagen), *máut* (auch *màkt*, Magd), *leiə* (liegen) u. s. w., aber *rìpə* (Rippen), *wekə* (Weck, Semmel) u. s. w.

Nimmt man an, dass der Mundlaut hier das Ursprüngliche war, so schlägt man aller Physiologie und Lautgeschichte mit Fäusten ins Gesicht.

Die Verdoppelung der Buchstaben (**aa**, **ee**, **ll**, **mm** u. s w.) bezeichnet die D e h n u n g des entsprechenden Lautes; darüber herrscht gar kein Zweifel bei solchen, die sich überhaupt gefragt haben, was für ein hörbarer Unterschied zwischen **nn** und **n**, zwischen **ff** und **f** gewesen sein soll. Ist aber der Schlusslaut schon als Kürze eine Steigerung, so ist er es als Länge noch mehr, denn je länger er andauert, desto schwieriger

[1] Ich bemerke hier nochmals ausdrücklich, dass die Buchstaben, welche nicht das Zeichen ' haben, entschieden kurz zu lesen sind.

wird er, so dass er bei weitem nicht so lang ausgehalten werden kann wie die übrigen Dauerlaute. Er soll nun angeblich gerade in solchen Verhältnissen zuerst oder mit Vorliebe auftreten, in welchen er am umbequemsten ist!

Ferner ist ein Laut, welcher in gewissen Fällen mit grösserem Kraftaufwand hervorgebracht wird als sonst, dann allerdings auch unbequemer; aber er lenkt zugleich die Aufmerksamkeit des Ohres in höherem Grade als gewöhnlich auf sich und bewahrt sich deshalb leichter unangetastet. Die „betonten“ (d. h. stark gesprochenen) Selbstlauter erfordern einen bedeutenderen Lungendruck als die schwachen; aber akustisch fallen sie mehr ins Gehör und werden daher gewöhnlich auf einer ursprünglicheren Stufe verharren. So muss auch die Länge häufig die Eigenschaft haben sowohl Vokale als Konsonanten vor Veränderungen zu schützen, welchen die Kürze unterliegt. Dieses aus rein theoretischen Betrachtungen gewonnene Ergebniss wird durch die Sprachgeschichte vollkommen bestätigt. Wie ich anderswo zeigen werde, widerstehn die langen Selbstlauter sehr oft der Strömung, welche die kurzen mit sich fortreisst. Viele Sprachen und Mundarten haben das kurze **s** zwischen Stimmlauten auch nach kurzgebliebenem Selbstlauter tönend gemacht, aber nicht das ursprünglich gedehnte (**ss**). Das Romanische macht die langen Tenue's (geschrieben **tt**, **cc**, **pp**) im Gegensatz zu den kurzen nie zu **d**, **g**, **b** (Diez, I, S. 230; 257; 278). Wo im Hochdeutschen gedehnte Tenues zu Grunde liegen, erscheinen **pf**, **tz**, **cch** (**ck**), was offenbar älter ist als **ff**, **ʒʒ**, **hh**. Im Hebräischen (Gesenius, hebr. Gramm. Lpz. 1866, § 21) werden die langen **b**, **p**, **d**, **t**, **g**, **k** nicht zu *v*, *f*, *δ*, *þ*, *j*, *x*, und bedeutet das Dagesch, das konsonantische Dehnungszeichen, auch bei kurzen בּ, פּ, דּ, תּ, גּ, כּ dass sie ihren ursprünglichen Werth behalten [1].

[1] Nur um zu zeigen mit welchen Schwierigkeiten die Besprechung von Lautfragen zu kämpfen hat, weil es auf physiologischem Gebiete vielen Sprachforschern an allen Vorkenntnissen und an aller Gewohnheit selbständigen Denkens fehlt, will ich erwähnen, dass der erhaltende Einfluss, welchen die Dehnung auf die Laute ausübt, in Bezug auf die hochdeutschen *pf*, *ts*, *kx* = PP, TT, KK als ein unbegreiflicher Einfall

Die altnordischen, altsächsischen, angelsächsischen bb, dd, cȝ gegenüber den ƀ, đ, ȝ beweisen also sicher die Ursprünglichkeit der Schlusslaute, und die elsässischen *p*, *k* für alte bb, gg sind folgendermassen zu erklären: während für die kurzen inlautenden b, g die Mundlaute *w*, *u*, *y*, *i* eintraten, erhielt sich der Schlusslaut in der Dehnung, bis er später, wie im Wortanfang, verstummte und nur die ihn begleitenden Schlaglaute übrig liess; z. B.

a/p ̥p'*a* = *ápa* statt *a* /pƀp/ *a* = *aƀa*.

Die germanischen **b, d, g** *im Auslaut und vor Stimmlosen.*

Aber wenn die Schlusslaute ursprünglich sind, so müssten sie am Ende des Wortes und vor Stimmlosen durch Tenues ersetzt und so vor dem Uebergang in Mundlaute geschützt werden, so dass z. B. früherem -b-, -p späteres -ƀ-, -p entsprechen würde? Abgesehen davon, dass in diesen Fällen t, k für d, g der altnordischen Orthographie nicht fremd sind (Holtzmann, altdeutsche Grammatik I, 1. S. 105; 111), ist dieser Einwand nicht stichhaltig.

Wenn der Uebergang der inlautenden b, d, g in ƀ, đ, ȝ eintrat als die später stimmlos gewordenen b, d, g noch nicht am Wortende oder vor Stimmlosen, sondern vor tönenden Lauten standen, so ist, sobald sie durch Schwund derselben in den Auslaut oder vor Stimmlose gerückt worden, der Uebergang in f, þ, h selbstverständlich.

zurückgewiesen worden ist, weil angeblich die Reibelaute keine Verdoppelung [d. h. Dehnung] zulassen, sondern zum Ersatz dafür sich durch die vorgesetzte Tenuis verstärken wie im Altgriechischen, wo *ΠΦ*, *ΤΘ*, *ΚΧ* statt *ΦΦ*, *ΘΘ*, *ΧΧ* geschrieben wird.

Also weil die alten Griechen in Fällen wo ihre *ph*, *th*, *kx* gedehnt werden sollten, naturgemäss nur *ṕh*, *ťh*, *ḱx* hervorbringen konnten, nie und nimmer aber die den *pfpf*, *tsts* in Topfpflanze, Schutzzeuge entsprechenden *phph*, *thth*, *kxkx*, und weil sie *Φ*, *Θ*, *Χ* statt *ΠΗ*, *ΤΗ*, *ΚΗ*, folglich auch *ΠΦ*, *ΤΘ*, *ΚΧ* statt *ΠΠΗ*, *ΤΤΗ*, *ΚΚΗ* schrieben, deshalb sollen die Reibelaute *f*, *þ*, *x* der Länge unfähig sein! deshalb sollen sie beim Versuch gedehnt zu werden in *pf*, *tþ*, *kx* übergehn!

Und solche Trugschlüsse, welche ein Unbefangener kaum für möglich zu halten wagt, genügen manchen Leuten, um die sichern Ergebnisse theoretischer Betrachtungen, welche durch zahlreiche Analogien unterstützt werden, kurzer Hand auf die Seite zu schieben!

Aber auch wenn die für b, d, g erscheinenden f, þ, h wirklich an Stelle einmal vorhanden gewesener p, t, k getreten sind, so genügt der Einfluss der Analogie, um den Wechsel hervorzurufen. — Wenn im Sanskrit der äussere Sandhi die auslautenden p, t, k vor Vokalen, vor r, l u. s. w. seltsamer Weise zu b, d, g macht, während sie der innere in demselben Fall unversehrt lässt, so kann man dies kaum anders erklären, als dass die aus b, d, g im Auslaut hervorgegangenen p, t, k, welche vor Tönenden scheinbar zu b, d, g wurden (in Wirklichkeit blieb hier der ursprüngliche Laut), das Vorbild abgaben, wonach im Auslaut auch die ursprünglichen p, t, k behandelt wurden. Noch naheliegender ist der Einfluss des Inlautes auf den Auslaut. In den flexionsfähigen Wörtern sind die Formen, wo der Wurzelauslaut vor Tönenden steht, weit zahlreicher als diejenigen, in welchen letzteres nicht der Fall ist. Wie im Lateinischen bloss darum weil honosis, honosi, honosem, honose, honoses, honosum, honosibus zu honoris, honori u. s. w. geworden war, das stimmlose s in honos ohne jegliche Vermittlung in r übersprang, während diejenigen s, welche nie inlautend wurden (z. B. dominus, dominos, pes u. s. w.) unverändert blieben, so konnte auch leicht z. B. lioƀer, lioƀes, lioƀemo, lioƀan, lioƀiu, lioƀaz u. s. w. dazu verführen, statt des alten liop vor folgendem stimmlosem Laut lioƀ sprechen zu wollen, was, wenn ƀ tönender Reibelaut war, liof ergeben musste. Dass dabei die Analogie des Inlautes wirksam war, zeigt sich darin, dass flexionslose Wörter im Gegensatz zu den flexionsfähigen zuweilen die auslautende Tenuis behalten: z. B. wegen der Formen Weges, Wege, Wegen lautet Weg im Strassburgischen *wäi*, aber weg ist immer *wäk*. Im übrigen ist zu beachten, dass, wie das Sanskrit, Neuisländische, Schwedische, Dänische zeigen, Verhärtung des Auslautes zunächst nur dann begründet ist, wenn nicht unmittelbar darauf ein Wort folgt, welches tönend anfängt. So konnten im Germanischen die Fälle wo der Auslaut tönend blieb, einwirken auf diejenigen wo er stimmlos war.

Weit entfernt gegen die Geltung der urdeutschen b, d, g

als Schlusslaute eine Waffe abzugeben, liefert die Behandlung des Auslautes einen schlagenden Beweis für dieselbe. Jede germanische Sprache hat einen grössern oder kleinern Theil der urdeutschen f, þ, h (indog. p, t, k) im In- und Auslaut tönend gemacht[1]; diese werden aber in gewissen Mundarten am Ende des Wortes und vor Stimmlosen zu Tenues: z. B. strassburgerisch *hewə* (festhalten), *hep* (halte fest), *hept* (hält); *laiwl* (Brodlaibchen), *laip* (Laib); *riwə* (reiben), *rip* (reibe), *rips* (reibst); *rŷwə* (Rüben), *rŷp* (Rübe) u. s. w. u. s. w.; und auf fränkisch-thüringischem Gebiet finden wir geschlūjen (geschlagen), ich schlūk (ich schlug), -ig erscheint auslautend als -ck u. s. w. u. s. w. (Regel, die Ruhlaer Mundart S. 69 f.).

Woher in aller Welt stammen diese *p* und *k*? — Sind sie aus den auslautenden *f* und *x* lautgesetzlich hervorgegangen? Das Ueberspringen von stimmlosem Reibelaut in Tenuis ist wenig wahrscheinlich und durch kein einziges sicheres Beispiel verbürgt. Ueberdies sieht man nicht ein, warum auslautende *f*, *x* nur dann zu *p*, *k* werden sollen, wenn sie im Inlaute durch tönende Mundlaute ersetzt worden. Ebensowenig kann daran gedacht werden, dass gerade hier die auslautenden indog. p, k erhalten seien, wie das sanskritische *k* im Wortende geblieben ist, auch wenn es inlautend in die Lautverbindung *tś* übergegangen.

Es gibt nur einen, aber vollständig befriedigenden Ausweg. Die urdeutschen b, g waren ursprünglich Schlusslaute; vor Pausen und Stimmlosen wurde natürlich Tenuis gesprochen und diese blieb auch dann, als später b, g zwischen Tönenden in Mundlaute übergegangen waren. Nun gab es im Inlaut zwei etymologische Arten von tönenden Mundlauten: die einen, erweichte alte f, h, waren im Auslaut f, h, während die andern, aus b, g hervorgegangen, sich in derselben Stellung durch p, k vertreten liessen, eine Verschieden-

[1] Da die meisten germanischen Idiome für die urdeutschen B, D, G im In- und Auslaut Mundlaute eintreten lassen, ist es kaum möglich, dass Medien für die erweichten F, þ, H aufgekommen seien; diese sind daher im Urdeutschen mit b, d, ʒ zu bezeichnen und nicht mit b, d, g.

heit der Behandlung, welche dem Sprachbewusstsein des mit der Etymologie unbekannten Volkes als unerträgliche Sonderbarkeit erscheinen musste. In den Mundarten wo nur wenige alte Reibelaute tönend geworden, wirkte die Analogie der alten Schlusslaute; in den andern war das Umgekehrte zu erwarten. Auch die ursprünglichen **w** und **j** wurden mitgerissen; vgl. strassburgerisch *léwə* (Löwen), *lép* (Löwe), *ə läwi prîi* (eine laue Brühe), *lüp* (lau); über *k* für auslautendes j s. Regel S. 70.

Deutsche Medien im Inlaut für indog. **p, t, k** *und für* **w** *und* **j**.

Dass in verschiedenen germanischen Idiomen manche Medien (im Hochdeutschen Tenues als Vertreter der Medien) auch zwischen Tönenden aus früheren Mundlauten hervorgegangen sind, ist, so befremdlich dies klingen mag, ein weiterer Beweis für die Ursprünglichkeit der Schlusslaute. Auf unbewusster, nach Bequemlichkeit strebender Muskelthätigkeit kann jene Erscheinung unmöglich beruhen, dies ergibt sich sowohl aus theoretischen Betrachtungen, als aus der Lautgeschichte; es muss also hier etwas Anderes zu Grunde liegen.

Bekanntlich schwankte das klassische Latein (und zum Theil auch das Altgriechische) im Gebrauch des **h**: gegen die Etymologie liess es diesen Laut bald eintreten, bald wegfallen (ich rede hier nicht von dem bloss geschriebenen, aber nicht gesprochenen **h**-Zeichen der spätern Orthographie); die niederen Schichten des römischen Volkes zeichneten sich durch ungehöriges Aspiriren aus, eine Erscheinung, welche sich heute beim englischen Pöbel wiederfindet. Trotzdem ist es noch niemanden eingefallen, daraus ein Lautgesetz abzuleiten, nach welchem *h* vor Selbstlautern eintreten müsste, oder zu bezweifeln, dass der Schwund des *h* eine offenbare Erleichterung ist. — Viele Leute lassen mit bewundernswürdiger Sicherheit **ö, ü** hören, wo sie **e. i** sprechen sollten, und ersetzen alle richtigen **ö, ü** durch **e, i**. — In einigen Strichen Mitteldeutschlands haben **g** und **j** ihre Werthe geradezu vertauscht: ein „**j**“ ist ihnen das höchste Wesen, und „Gott“ ist ihnen ein todter Buchstabe; man hört an rheinländischen Gymnasien nicht bloss „jute Guden“ (gute Juden), sondern im Lateinischen „Jagus“ (Gajus), „Troga, magestas“, im Französischen voigageur (voyageur), aiguez (ayez) u. s. w. — Dieselbe Verwirrung zwischen den Werthen von b, d, g und p, t, k ist bei dem westlichen Theil der heutigen Armenier zum festen Sprachgebrauch geworden. — Im Elsässischen schwindet *t* oft nach *š* und wird in andern Fällen beigefügt (z. B. Burscht, Ferschte, anderscht u. a., die zum Theil noch jetzt schwanken). — Im Italiänischen werden viele b zu v, aber auch b für v kommt vor. — Die Steinthaler sprechen in der Mundart immer *pi* für *pl*; reden sie französisch, so sagen sie umgekehrt plonnier, ploche für pionnier, pioche u. s. w. (Oberlin, Essai sur le patois lorrain, Strsb. 1775, S. 98). — Ganz ähnlich kommt es bei ungebildeten Niederdeutschen vor, dass wenn sie neuhochdeutsch reden wollen, sie nhd. p wie z. B. in Treppe durch das ihrer Mundart ganz fremde pf ersetzen. — Die Hunsrücker Bauern, deren Mundart r für inlautend d und t setzt, lassen in der Schriftsprache oft d für r hören z. B. Herr Leder für Herr Lehrer (s. Zeitsch. f. d. östr. Gymn. 1875, 197). — Die Schweizer haben sich von den bei ihren elsässischen und schwäbischen Nachbarn durchgedrungenen i, e für ü, ö frei gehalten; dafür haben sie ü und ö in manchen Wörtern eingeführt, z. B. der Berner in: Brille, flüstern, frisch, Geschwister, gewiss, gültig, Hülfe, nimmer, rinnen, schwimmen, Sprichwort, wissen, Würde, würdig, zwischen; heischen, Meise; Aepfel, brennen, ergötzen, etwas, etwer, fremd, Hölle, Löffel, Mensch, Schöffe, schöpfen, schrecklich, Schwester, wölben, zwölf[1].

Diese und zahlreiche andere Vorgänge, deren hohe Wichtigkeit für die Sprachgeschichte nicht genügend gewürdigt wird, sind ganz klar: der Redende vertauscht unter dem Einfluss eines Lautgesetzes einen Laut mit einem andern und wird sich später der Neuerung bewusst, sei es dass er sich erinnert in gewissen Wörtern denselben Laut gesprochen

[1] Nicht hierher gehören *lykə* (lügen), *flykə* (fliegen), *šlýfə* (schliefen, schlüpfen) u. A., wo nach alemannischer Neigung IU für gemeindeutsches IE stattfindet.

zu haben wie in gewissen andern, in welchen er jetzt einen Unterschied macht, sei es dass er andere Leute nicht in denselben Wörtern wie er das Frühere bewahren oder verändern hört, sei es dass er ältere schriftliche Aufzeichnungen mit seiner Sprache vergleicht; er will nicht Unrichtiges sprechen, oder will die Gebildeten nachahmen und führt den ältern, unbequemern Laut ein auch da wo derselbe unberechtigt ist. Oder eine Anzahl von Wörtern wird beliebig bald mit dem ältern, bald mit dem jüngern Laut gesprochen; das Streben nach Gleichförmigkeit führt dahin, der einen oder der andern Art der Doppelformen den Vorzug zu geben, so dass in einer spätern Zeit wieder eine Rückkehr zum ältern Lautstand eintreten kann und ein Laut irrthümlich auch da durchgeführt wird, wo er vorher niemals üblich war. Aehnliche Folgen kann der Schwund eines Lautes haben.

So erklären sich noch andere Erscheinungen.

In den schweizerischen Mundarten sind die **ie**, **üe**, **ue** als sogenannte Doppellauter erhalten und von den gedehnten ī, ū, ǖ streng geschieden, während die elsässischen beide Reihen vermischen (aber die alten ī, ū, ǖ sind wie im Schweizerischen scharf davon gesondert): z. B. Strassburg stösst die **e** aus und behandelt die **ie**, **üe**, **ue** ganz wie die gedehnten ī, ū, ǖ; hingegen hat das wenige Meilen nördlicher gelegene Bischweiler die Doppellauter bewahrt und dieselben auch da gesetzt, wo das Strassburgische gedehnte ī, ū, ǖ zeigt. Da sich sonst in Bischweiler von Diphthongisirungen, welche dem Elsässisch-Schweizerischen fremd sind, keine Spur findet, sind offenbar die gedehnten ī, ū, ǖ ursprünglich wie im Schweizerischen und Strassburgischen behandelt worden, bis neben einigen **ie**, **üe**, **ue** Nebenformen mit dem wie im Strassburgischen abgeworfenen **e** aufkamen; nach einigem Schwanken zwischen Doppellauter und blossem Selbstlauter behielt der erstere die Oberhand und riss auch die gedehnten ī, ū, ǖ an sich.

Im Altlateinischen sind die Nasale vor Konsonanten oft geschwunden nach Nasalirung des vorhergehenden Selbstlauters; diese Nasenvokale sind aber den heutigen romanischen Idiomen mit Ausnahme des Nordfranzösischen, des Portugiesischen und des Norditaliänischen ganz fremd, indem die ursprüngliche Verbindung von ungenäseltem Selbstlauter mit Nasal (*m, n, ŋ*) erhalten ist; da nun z. B. aus ǫ́ nicht hinterher ein *on* hervorgehen kann, muss man annehmen, dass ein Schwanken zwischen ǫ́ und *on* stattfand.

Alle hochdeutschen Stämme mit Ausnahme der Alpenvölker wissen heute nichts von einem *xs* (oder *çs*) für ahd. und mhd. **hs**, sondern sprechen im Nhd. und meistens auch in der Mundart immer *ks,* welches sogar auch in *hökst* (höchst), *näkst* (nächst; vgl. ags. nēxta, neohsta, nēsta) und im weitverbreiteten *niks* (nichts) neben *hóx* (hoch), *náə* (nahe), *niçt* oder *nit* (nicht) vorkommt. Nun ist es aber sehr unwahrscheinlich, dass *x* lautgeschichtlich zu *k* werden kann. Ferner schützt **s** gewöhnlich eine vorhergehende Tenuis oder Media gegen Aspiration und Affrikation (vor **s** verlieren die sanskritischen und griechischen Aspiraten ihr **h**, entartet das sskr. k̍ nicht zu *tś,* wird im Sanskrit und Lateinischen **gh** nicht zu **h** sondern zu **k**, entzieht sich im Isländischen, Dänischen, Schwedischen, Angelsächsischen, Englischen **k** der Lautverschiebung). Endlich schwankt im Hochdeutschen das alte **ps** (vgl. trefse, wefse, lefse neben trespe, wespe, lespe, freilich mit Umstellung), im Angelsächsischen **ks** (**x**), und wird auch sonst inlautendes **k** im Hochdeutschen nicht regelmässig durch den Reibelaut verdrängt. Man ist also zur Erwartung berechtigt, dass altes **ks** (goth. **hs**) in den hochdeutschen Mundarten nicht immer zu *xs* (oder *çs*) geworden sei, wie nach der gewöhnlichen Schreibung zu schliessen wäre. In der That bietet die ahd. und mhd. Orthographie vereinzelte **x**, **xs**, **xss**, **cx** neben **hs**.

So wenig wie andere Lautwechsel hat sich der Uebergang des alten **s** in *s* ohne Schwankung vollzogen; wir finden nicht selten **s** für **sch**, und umgekehrt **sch** für **s** geschrieben (dass jedoch jene **s** immer *s,* nicht *ś* bezeichnet haben, ist nicht so sicher wie Weinhold, al. Gr. S. 156 meint; abgesehen von Schreibfehlern, ist überall wo das **s** vor Konsonantenzeichen steht z. B. fleislich = fleischlich mit grösster Wahrscheinlichkeit der Laut *ś* vorauszusetzen); noch heute ist altes **rs** in einzelnen Wörtern *rś,* in andern *rs*. Diese Unentschiedenheit zwischen *s* und *ś* musste sich auch auf manche alte *s* (ʒ) erstrecken, z. B. Hirsch, Samschtag, mir'sch = mir es, luntschen = lunzen u. s. w. Im Anlaut, wo z immer *ts* geblieben und wo neben diesen *ts* kein *tś* = altem ts gebräuchlich ist, erscheinen auch weder *ś* noch *tś* für altes z, ausser in wenigen Mundarten; aber wohlgemerkt! diese besitzen daneben anlautende *tś,* welche sie entweder aus dem Romanischen oder Slawischen herübergenommen oder aus sch (wohl durch Verwachsung des Artikels *t* oder des Präfixes *ənt, ət, t* mit dem Anlaut *ś)* gebildet haben.

Nur durch eine ähnliche Gegenströmung konnten in germanischen Idiomen tönende Mundlaute zu b, d, g werden; eine solche war aber einzig nur dann möglich, wenn es ursprüngliche b, d, g gab, welche theilweise und schwankend mit Mundlauten wechselten; da die indogermanischen b, d, g im Germanischen zu p, t, k geworden waren, und aus indg. p, t, k erweichte b, d, g im Deutschen ebenfalls mit den alten b, d, g hätten zu p, t, k werden müssen, so können solche b, d, g nicht anderswo herkommen als aus den indg. bh, dh, gh.

Theilweiser und schwankender Uebergang der Media in Mundlaut, lässt sich im Hochdeutschen noch aus anderen Spuren nachweisen.

Zwischen Selbstlautern kann eine Tenuis oder ein Schlusslaut oder ein Nasal nicht ohne weiteres ausfallen, weil das feste Schliessen und das Wiederöffnen des Mundes zu scharf ausgeprägte Bewegungen sind und ein von den übrigen Lauten allzu verschiedenes Produkt ergeben. Eine schöne Bestätigung dieser Theorie finden wir im Französischen: im scharfen Gegensatz zu den übrigen romanischen Sprachen lässt es t und k zwischen silbigen Vokalen sehr oft schwinden, zeichnet sich aber zugleich auch durch die beinahe nur ihm eigenthümlichen v, i für p, c aus; in den Fällen wo t nicht geschwunden, ist dieses selten d geworden, meistens t geblieben (Diez I, S. 227). Ebenso lässt das Finnische Schwund eintreten in gewissen Fällen wo das Wepsische und Livische d, g haben: die finnische Uebersetzung des neuen Testaments

(1548) beweist durch ihre Schreibungen dh, gh, dass jene d, g zunächst zu Mundlauten wurden, wie im Lappischen, wo die letzteren noch heute erhalten sind (Thomsen, S. 27 und 42); in gewissen andern Fällen wo das finnische t Tilgung erleidet, wird p zu v, und k zu j (Thomsen, S. 26 Anm.). Die Saargemünder Mundart lässt die alten g und ȝ in- und auslautend beinah immer absterben; wo dies nicht der Fall ist, erscheinen sie als *k* (s. unten); altes k bleibt immer bewahrt. Das spanische d, welches zwischen Selbstlautern kaum vernehmbar ist und oft gar nicht gehört wird (namentlich in den Ausgängen a d o, i d o), hat ebenso wenig wie span. b den Werth eines Schlusslautes. Im niederdeutschen r ō e (rothe), r ä e n (rathen), v e r b ō e n (verboten), g ō e (gute) u. s. w. war d sicherlich Mundlaut ehe es ausfiel; so ist auch das appenzellische b r e i e für und neben p r e d i g e (Weinhold al. Gr. S. 54) und das mhd. r e i t e für r e d i t e zu erklären (bekanntlich zeigt sich i im Oberdeutschen schon früh als Flexionslaut aller Konjugationen). Das berndeutsche *məɼ hèi* (wir haben), *təɼ hèit* (ihr habt), *sì hèi* (sie haben) weist auf h a ƀ i n (Notker schreibt h a b i n), h a ƀ i t, h a ƀ i n t zurück, wo ƀ für altes f steht (mit *hèi, hèit* vgl. berndeutsch *kèiš* = gehst, *kèit* = geht, *štèiš* = stehst, *štèit* = steht).

Vorhergegangene Oeffnung des urdeutschen g beweist dessen weitverbreiteter Schwund zwischen Selbstlautern wie in E i d e c h s e, v e r t h e i d i g e n, G e t r e i d e u. s. w., M a i d, t r e i t, l e i t u. s. w. (in H a i n, s e i t = s a g t ist urdeutsches ȝ ausgefallen), wo das i in Oberdeutschland nicht vokalisirtes g sein kann. Denn wären g und die erweichten h zu j geworden um später in *k* überzuspringen, so hätten sie das alte j mitreissen müssen, wie das rückströmende b die inlautenden w, z. B. im berndeutschen F a r b e, g e r b e, i c h h i e b e, e t w a s, e t w e r, im schwäbischen e w i g, r u h i g *(ĕpik, rĭpik)* u. s. w. zu *p* gemacht hat; altes j ist aber in s ä e n, w e h e n, d r e h e n, n ä h e n, k r ä h e n u. s. w. unverändert geblieben, wie denn auch diejenigen ahd. Denkmäler welche k für g schreiben, die g für j behalten. Ferner wäre eg mit ei zusammengefallen, wie in der That das Strassburgische, welches in später Zeit alle alten **ei** in **ai** übergehen liess, *laiə, raiə, kxolaim, ái* für l e g e n, r e g e n, K o l l e g i u m, E g g e sagt; l ĕ g e n, r ĕ g e n u. s. w. hätten im Schweizerischen *lèiə, rèiə* bleiben müssen, wie auch *mèiə* (Blumenstrauss), *lèiə* (Laien) u. s. w. nicht zu *mèkə, lèkə* geworden sind. Daraus folgt, dass **g** ebenso wie das **h** schon in ältester Zeit auch zwischen hellen Vokalen seinen Verschluss bzw. seine Verengung auf postpalatalem oder mindestens auf mediopalatalem Gebiete hatte[1]. Wir müssen daher die Orthographie **gi** oder **g** für **j** in oberdeutschen Denkmälern für eine Entlehnung aus dem Romanischen oder aus dem Fränkischen halten; in denjenigen, welche für altes **g** ausnahmslos **k** schreiben, lässt sich das für **j** stehende **g** (das nur einen Mundlaut bezeichnet haben kann) ohnehin nicht anders erklären (vgl. in der goth. Orthographie G als Zeichen für indg. **j**, von Γ streng geschieden).

Beweise für ein früheres Schwanken von **g** und **ȝ** bietet ferner das Saargemündische, welches dieselben in- und auslautend gewöhnlich tilgt, sie aber in einer Reihe von Wörtern durch *k* vertreten lässt: *fìk* (Feige), *flekl* (Flegel), *fokl* (Vogel), *ìkl* (Igel), *kçekl* (Kegel), *krùk* (Krug), *kəùkl* (Kugel), *lǎklə* (leugnen), *nâkl* (Nagel), *plùk* (Pflug), *rìkl* (Riegel), *sìkl* (Ziegel), *šìklçə* (kleine Schuhe), *šlàk* (Schlag), *špàriklə* (Spargeln), *špìkl* (Spiegel), *štìpìkl* (Steigbügel), *štrìkl* (Striegel), *trôk* (Trog). Aehnliches kommt auch in andern Mundarten vor.

Der Rückgang derjenigen hd. **b**, **g**, welche zu Mundlauten geworden, und die durch ihn veranlasste Umwandlung der tönenden **f**, **h** scheint erst zur mhd. Zeit stattgefunden zu haben. Dass ŏ b e n, l ŏ b e n u. s. w. nicht zu o u e, l o u e u. s. w. geworden, sondern zu *òpə, lòpə,* während mit-

---

[1] Beweise für das hohe Alter der postpalatalen Laute: 1. die Einwirkung des goth. H auf I und U (s. oben S. 52 f.); 2. die erweichten H bleiben von dem antepalatal verengten J scharf geschieden; 3. die Notkerschen IE, UO für I, U vor H, vgl. in der heutigen Berner Mundart: *liəxt* (leicht), *wiənàxtə* (Weihnachten), *kiəxtìk* (entzündet bei Verwundungen), *fyəxt* (feucht), *tyəxtìk* (tüchtig); 4. im Anlaut ist urdeutsch H zu *h* geworden; aus *xùnt* (Hund) kann leicht *hùnt* entstehen, nicht aber aus *çùnt*, weil hier der Sprung für das Ohr zu gross wäre.

lautendes *u* zwar in *hiəpì* (würde hauen), *fårpə* (Farben) u. s. w. umgewandelt, hingegen in *hòúə* (hauen), *fròúə* (Frauen) u. s. w. erhalten ist, zeigt erstens dass **b** und tönend gewordenes **f** (**ƀ**) früher keinen *u*-artigen Laut hatten, zweitens, dass zur Zeit wo *p* eintrat, das ahd. **w** sich schon zum Laute des nhd. **w** verschoben haben muss, also dass *p* für **ƀ** erst im 14. Jahrhundert oder später eingetreten ist.

Dass ahd. Handschriften zwischen **p**, **k** und **b**, **g** schwanken, beweist nicht, dass zu ihrer Zeit die alten und neuen **ƀ**, **ʒ** keine Mundlaute mehr waren. Kam z. B. ursprünglich leʒen neben legen vor, so konnte das *g* in legen so gut wie die übrigen *g* zu *k* werden, während **ʒ** unverändert blieb, so dass es eine Doppelform leken, leʒen gab, ähnlich wie im heutigen Schweizerischen *màkt* (Magd) neben *mèitšì* (Mädchen) und *mèitlì* (Dienstmädchen) und im Elsässischen *màkt* neben *màut* erscheint. So wurde im Altnordischen der Schlusslaut **b** vor **n** oft durch Assimilation wie im Griechischen und Sanskrit zu **m**; in denselben Formen blieb er aber auch erhalten und wurde später mit den meisten übrigen **b** des Inlautes zu *v*, ein Schwanken zwischen **mn** und **fn** in welches auch die alten **mn** hereingezogen wurden.

Will man behaupten, auf dieselbe Weise wie manche **ƀ**, **ʒ** aus **f**, **h**, hätten auch im Urdeutschen die indg. **bh**, **dh**, **gh** aus Mundlauten zu Schlusslauten werden können, so ist zuzugestehn, dass die nothwendige Vorbedingung, theilweise Oeffnung der indog. Schlusslaute im Germanischen, durch vereinzelten Schwund zwischen Selbstlautern, durch Vokalisirung und vielleicht auch durch vereinzelten Widerstand derselben gegen die Verschiebung zu **p**, **t**, **k** erweisbar ist. Aber abgesehen davon, dass die Ursprünglichkeit der Mundlaute als Vertreter von **bh**, **dh**, **gh** immer eine leere Vermuthung ist, müsste dann auch vorausgesetzt werden, dass ein Theil der indog. **b**, **d**, **g** mit den angeblich zu Mundlauten gewordenen **bh**, **dh**, **gh** in jeder Hinsicht völlig identisch geworden wäre, sonst hätte das Zurückgehen in Schlusslaute keinen Einfluss auf die angeblich ursprünglichen Mundlaute haben können; eine Vermischung beider Reihen findet aber nicht statt. Während der Zeit wo ein Theil der

b, **d**, **g** mit den **bh**, **dh**, **gh** lautlich übereinstimmte, blieben die übrigen Schlusslaute entweder unverschoben, oder sie erlitten die Verschiebung nach **p**, **t**, **k**. Im ersten Fall mussten diejenigen **bh**, **dh**, **gh**, welche durch die zum Ursprünglichen zurückkehrenden **b**, **d**, **g** zu Schlusslauten wurden, später mit diesen zu **p**, **t**, **k** werden; im zweiten Falle fand ein Schwanken nicht mehr zwischen **ƀ**, **đ**, **ʒ** und **b**, **d**, **g**, sondern zwischen **ƀ**, **đ**, **ʒ** und **p**, **t**, **k** statt, wodurch die **bh**, **dh**, **gh** ebenfalls zu **p**. **t**, **k** werden mussten.

Die Vertreter der Medienaspiraten konnten also unmöglich in Folge eines Schwankens der indogermanischen **b**, **d**, **g** zu Schlusslauten werden, und mussten, wenn sie dies in den germanischen Sprachen waren, was sicher nachgewiesen ist, es von Anfang an gewesen sein.

Es ist auch eine andere Art des Ueberspringens in Schlusslaute möglich. Wenn ein Mundlaut in einer Sprache namentlich anlautend selten vorkommt und mit einer häufig verwendeten Media akustisch grosse Aehnlichkeit hat, kann er mit dieser im Bewusstsein des Volkes allmälich verschwimmen oder für eine unberechtigte Entstellung derselben gelten und schliesslich durch sie verdrängt werden. So sind vielleicht im Gothischen die wenigen erweichten **h** zu echten **g** geworden. Dies ist etwas ganz Anderes als wenn die Schlusslaute erst ganz ungebräuchlich sind und dann als völlig ungewohnte Laute eingeführt werden: dass ursprüngliche **b**, **d**, **g** zahlreich vorhanden seien ist eine nothwendige Vorbedingung. Auch kann es nicht mehr unter diejenigen Lautveränderungen gerechnet werden, welche sich unbewusst und unbeabsichtigt vollziehen.

Mit welchen Lauten begann die Verschiebung?

Fragen wir nun wie sich die erste Lautverschiebung vollzogen habe, so ergibt sich Folgendes.

Zwei Auffassungen des Ueberganges von **p**, **t**, **k** in **f**, **þ**, **h** haben sich geltend gemacht[1]. Die eine nimmt an, dass derselbe durch Lockerwerden des Verschlusses erfolgte; es

[1] Eine dritte, diejenige Heinzels (Gesch. der niederfränk. Geschäftssprache, Paderborn 1874, 147 ff.), welcher Jrirung der Tenues annimmt, ist, so viel ich sehe, allgemein zurückgewiesen worden.

ist aber so gut wie unmöglich, dass dies geschah: die Lauttheorie fordert, und die romanischen Sprachen bestätigen es, dass die Schlusslaute viel leichter zu Mundlauten werden als die Tenues; will man also einen unmittelbaren, bis jetzt noch nirgends nachgewiesenen Sprung von **p**, **t**, **k** in **f**, **þ**, **h** annehmen, so müssten mindestens zu gleicher Zeit, wenn nicht schon vorher, die **b**, **d**, **g** sich ebenfalls geöffnet haben; später müssten sie wieder zu Schlusslauten geworden sein um sich endlich in Tenues umzuwandeln. Abgesehen davon dass eine solche rückläufige Bewegung gegen die Stätigkeit der Sprachgeschichte verstösst, wären wir dann gezwungen die Steigerung von Mundlaut zu Media vorauszusetzen.

Nach der zweiten Auffassung sind die reinen Tenues des Indogermanischen aspirirt und affrizirt worden und schliesslich vor dem schmarotzenden Reibelaut geschwunden z. B. *p, ph, pf, f*. Ein solcher Vorgang ist allerdings auch ohne sichtbare Veranlassung nicht unerhört; aber wenn wir für denselben eine Ursache als möglich erkennen, werden wir deren Einwirkung auch für wahrscheinlich halten bis das Gegentheil erwiesen ist. Und wenn die Sprache sich der **p**, **t**, **k** entledigte, bloss „weil sie denselben abgeneigt war", so ist nicht einzusehen, warum sie aus **b**, **d**, **g** neue Tenues bildete.

Wir können also nicht zugestehn, dass die Verschiebung mit den **p**, **t**, **k** begonnen habe.

Obgleich das Streben nach Erleichterung ein vollauf genügender Anlass wäre die Schlusslaute aufzugeben, so ist es doch geradezu unmöglich, dass diese den Anfang der Verschiebung gemacht haben, denn waren sie vor tönenden Lauten unbequem, so waren sie es vor stimmlosen noch weit mehr und die **bh**, **dh**, **gh** hätten unvermeidlich zu **ph**, **th**, **kh** werden müssen.

Wir haben demnach mit G. Curtius den Beginn der urdeutschen Lautverschiebung bei den aspirirten Medien zu suchen, welche das mit dem Stimmlaut unverträgliche **h** ausstiessen. Dass diese Entwickelung dem Deutschen mit dem nächstverwandten Lituslawischen gemeinsam ist (wie das **m** in **-bhi**), spricht ebenfalls für die Priorität derselben.

Dann folgten die alten **b, d, g** dem Streben nach Bequemlichkeit und wurden zu *p, t, k;* die Deutschen suchten einen Unterschied zwischen den alten und den neuen Tenues zu wahren, was die Aspiration und Affrikation der alten **p, t, k** hervorrief.[1].

Aber wenn **bh, dh, gh** den Anfang machten und zu **b, d, g** wurden, mussten sie nicht mit den alten **b, d, g** zusammenfallen und mit diesen später in **p, t, k** übergehen? Da auf diese Weise Gleichstellung mit den alten **p, t, k** eintrat, mussten mit diesen letztern nicht auch die ehemaligen **bh, dh, gh, b, d, g** zu **f, þ, h** werden?

Ein Unterschied des Lautes kann allerdings nicht angenommen werden zwischen den alten und den neuen **b, d, g**; ebenso wenig zwischen den alten und den neuen **p, t, k**. Aber der Schall besitzt ausser der Klangfarbe noch andere Eigenschaften: Dauer, Stärke und Höhe, und diese werden ebenfalls von der Sprache gesetzmässig verwendet.

Niemand bestreitet, dass ein und derselbe Vokal ganz verschieden behandelt werden kann, je nachdem er lang oder kurz ist: im Gothischen werden alle langen **a** theils zu **e**, theils zu **o**, während die kurzen sehr oft erhalten bleiben; beinahe in allen hochdeutschen Mundarten hat altes **ā** einen dunklern Klang als altes **ă**, auch wenn dieses, was oft vorkommt, jetzt gedehnt ist; im Neugriechischen ist altes **ē** heller als altes **ĕ**; die romanischen Sprachen machen die betonten alten **ĕ** und **ŏ** zu **ie** und **uo** (**ue**), nicht aber die alten **ē** und **ō**; im Elsässischen sind alle alten **ū** zu **ü** geworden, nicht aber die alten **ŭ**; im Schweizerischen und Elsässischen sind die alten **ĭ**, **ŭ**, **ŭ** häufig gedehnt, die alten **ī**, **ū**, **ū** häufig gekürzt worden, aber trotz der prosodischen Gleichstellung sind beide Reihen durch den Klang noch heute streng geschieden; nach dem allgemein üblichen Gebrauche werden die neuhochdeutschen **u, o, e, i, ö, ü** als Längen mit einem andern Laute gehört denn als Kürzen u. s. w.

---

[1] Dieselben Vorgänge finden wir im Armenischen, wo
indog. BH, DH, GH, D, G, P, T, K
zu B, D, G, T, K, PH, TH, KH
(neben erhaltenen P, T, K) werden; s. Kuhns Ztschr. XXIII, 18.

Ebenso wenig bezweifelt man, dass die stark gesprochenen Vokale ein ganz anderes Loos haben können, als die schwachen. Viele Sprachen machen die „unbetonten“ Selbstlauter zu einem Mittelding zwischen ö und a, niemals aber die „betonten“; die Romanen verfuhren mit den „unbetonten“ ĕ, ŏ anders als mit den „betonten“.

Was von den Vokalen gilt, trifft auch für die Konsonanten zu; wer dies zugeben will, darf allerdings zwischen den beiden Lautarten nicht jene gähnende Kluft annehmen, welche wohl für die herkömmliche verworrene Lautlehre, nicht aber für die Physiologie vorhanden ist.

Wir haben also bloss zu zeigen, dass es einen Grund gab, weshalb auf die eine oder die andere Weise die neuen und die alten b, g, d, p, t, k von Anfang an streng geschieden wurden.

Die Verschiebung der indog. b, d, g *und* p, t, k.

Am einfachsten liegt die Sache bei der Medienverschiebung. Es ist anerkannt und selbstverständlich, dass ein kräftiger Laut in Wörtern wo er allgemein und seit langer Zeit üblich ist, nicht plötzlich verstummen kann, sondern sich vorher bis zu einem gewissen Grad abschwächen muss [1]. Also nahm auch das Tönen der Schlusslaute an Stärke ab, ehe es ganz unterblieb. Die Schlaglaute, welche sich einstellen, wenn Mundlaute unmittelbar vor oder nach Schlusslauten gesprochen werden, und welche ohnehin gewöhnlich schwach sind, hatten daher nur einen geringen Grad von Hörbarkeit, so dass es möglich war zu glauben man spreche immer noch Schlusslaute, während diese in Wirklichkeit verstummt waren und nur die sie begleitenden Schlaglaute zurückgelassen hatten z. B.

$$a^{/t}{}_{\circ}{}^{t/}a \text{ für } a^{/t}d^{t/}a$$

Da wir sehen, dass in den meisten Sprachen, welche neben Schlusslauten ungehauchte Tenues besitzen, die letztern kräftiger gebildet werden als in den hochdeutschen Mund-

[1] Dieses Schwächerwerden ist keineswegs gleichbedeutend mit Tönendwerden wie z. B. Schuchardt (Vokal. des Vulgärlateins, II, Lpz. 1867, S. 359) annimmt.

arten, wodurch Brücke, Schleicher u. A. veranlasst wurden, die slawischen, magyarischen, indischen Tenues für ganz eigenthümliche Laute zu halten, so dürfen wir unbedenklich den indogermanischen **p**, **t**, **k** einen mindestens mässigen Stärkegrad zuschreiben. Jedenfalls konnten sie unmöglich gegen die neuen Tenues dynamisch zurückstehen, so dass auch wenn die Media sich früher als die Tenuis verschob, wie wir annehmen, von einem Ueberspringen der letztern in Reibelaute keine Rede sein kann; die beginnende Lockerung des Verschlusses setzt ein Schwächerwerden des Lautes voraus und hätte nothwendig die schwächern neuen **p**, **t**, **k** zu allererst ergreifen müssen, was durch die gothisch-nordisch-niederdeutschen und sogar (s. unten) durch die hochdeutschen Idiome wiederlegt wird.

So gab es also zweierlei **p**, **t**, **k**; beide Klassen waren Tenues, stimmten demnach physiologisch völlig mit einander überein, unterschieden sich aber in dynamischer Hinsicht ganz scharf von einander. Dass eine solche Scheidung auf rein etymologischer Grundlage gemacht werden kann, habe ich oben (S. 16) gezeigt.

Wie früher des Gegensatzes zwischen Schlusslaut und Tenuis, so musste man sich später auch des Gegensatzes zwischen schwacher und starker Tenuis bewusst sein; da derselbe kein absoluter, sondern ein relativer war, musste das Bestreben ihn zu wahren dahin führen, ihn zu verschärfen und schliesslich (vgl. S. 19) Tenuesaspiraten eintreten zu lassen. Dieselben sind eine Steigerung; aber sie sind ja auch nicht durch die unwillkürliche Muskelthätigkeit, sondern durch eine bewusste Absicht verursacht. Es ist wohl möglich dass von Anfang an Affrikaten aufkamen; dies ändert im Wesentlichen gar nichts; aber natürlich waren die schmarotzenden Reibelaute zuerst schwach und unsicher.

Ehe wir zu den **bh**, **dh**, **gh** zurückkehren, muss ich einige Bemerkungen vorausschicken.

Die Ersatzdehnung.

Wenn im Griechischen pās für pănts, im Lateinischen ā für ăb, im Französischen ān für ăsn (asinus) u. s. w.

eintritt, so sagt man **nt, b, s** seien geschwunden und der Selbstlauter habe Ersatzdehnung erlitten. Aber bei der ganz entsprechenden Behandlung der Mitlauter, z. B. wenn **j** hinter **l, n** u. s. w. schwindet und diese Konsonanten lang werden, redet man von „Doppelkonsonanz“ und „Assimilation“, was nur dann zulässig ist, wenn man alle ā, ē, ī, ū u. s. w. „Doppelvokale“ nennt, und behauptet in **paas, aa, aan** für **pants, ab, asn** seien **nt, b, s** zu **a** „assimilirt“ [1]. Ein schönes Beispiel für den innigen Zusammenhang beider Arten von Ersatzdehnung bietet der hebräische Artikel *הַל hăl (vgl. arab. أَلْ ăl). Derselbe hat überall das l verloren, wofür der anlautende Konsonant des folgenden Wortes lang wird; ist aber dieser einer von denjenigen, welche nach hebräischem Sprachgebrauch der Dehnung überhaupt unfähig sind, so wird *הַל hăl zu הָ hā. Und auch sonst bewirken א und ע gewöhnlich, ר immer Verlängerung des vorhergehenden Selbstlauters in Fällen wo bei Schlusslauten und Tenues das Dagesch forte eintritt (Gesenius, §§ 35; 22). Während das Lateinische für das geschwundene n des Akk. plur. Ersatzdehnung des Selbstlauters eintreten lässt, verlängert das Oskische das **s** (**-ass, -v̀ss, -ꝉss**).

Wäre die Buchstabenverdoppelung als Längenbezeichnung bei den Mitlautern ebenso verworfen worden wie bei den Selbstlautern, und hätten wir einen römischen Sicilicus (ʾ), oder ein arabisches Teschdīd (ّ), oder ein hebräisches Dagesch (ּ), so wäre kein Mensch auf den Einfall gerathen in den obigen Fällen „Doppelkonsonanz“ und „Assimilation“ zu erblicken. In wie unglaublicher Weise sich unser Urtheil über lautliche Dinge durch die Schrift bestechen lässt, zeigt sich darin, dass Viele von „Doppelkonsonanz“ und „Assimilation“ auch da sprechen, wo keine Spur von langem Mitlauter vorhanden ist; z. B. in heutigen Mundarten wird g ĭ b m i r zu g ĭ m e r; das **m** ist um kein Haar anders als in A m e r i k a, j e m e h r, a m E n d e u. s. w.; aber es gilt

[1] Quintilian (IX, 4, 39) erklärt allerdings das Katonische d i ē h a n c (für d i e m h a n c) durch „Erweichung des M zu E“ auf Grund der Schreibweise EE für ē!

dennoch für „Doppelung“ und „Assimilation“ und „Schärfung“ und was so der Namen mehr sind.

Die Ersatzdehnung beruht darauf, dass eine Länge bequemer ist als zwei verschiedene Laute; es ist eine Ersparniss an Bewegung und Muskelanspannung. Dass aber, was das Nächstliegende und noch Bequemere wäre, nicht blosser Schwund eintritt und z. B. *ants* nicht zu *as* wird, setzt voraus, dass wir der Silbe ihre ursprüngliche Zeitdauer zu wahren trachten; es widerstrebt uns, ein Wort welches wir z. B. in dem Verhältniss 𝅗𝅥 𝅘𝅥 zu sprechen gewohnt sind, in 𝅘𝅥 𝅘𝅥 übergehen zu lassen. Ich habe schon häufig die Beobachtung gemacht, dass Leute, welchen man ein italiänisches *nùĺa* (nulla), *soḿa* (somma) u. s. w. vorsprach, dies durch *núla, sóma* wiedergaben; sie hatten das Gefühl *nùla, soma* sei zu kurz, und füllten das längere Zeitmass mit den ihnen geläufigen *ú, ó* aus statt mit den ungewohnten *ĺ, ḿ*. Es bedarf kaum der Erwähnung, dass wenn ein Laut schwindet, die Ersatzdehnung nicht unerlässlich ist. In allen Fällen wo sie nicht durch bestimmte Thatsachen oder Angaben bezeugt ist, muss ihr Eintreten zweifelhaft bleiben.

Ferner muss ich bemerken, dass dieses letztere nicht von der Natur des geschwundenen Lautes abhängt, was ja bei Selbstlautern gar nicht bezweifelt wird. Allerdings musste derselbe in den meisten Fällen erst wenig vernehmbar werden, ehe er ausfiel; aber jeder Laut, mag er schwach oder stark, mild oder rauh sein, erfordert zu seiner Bildung einen merklichen Zeittheil und kann deshalb sowohl Ersatzdehnung bewirken, als „Position“ machen. Wenn bei den ältern lateinischen Dichtern die Endsilbe -ŭs vor Mitlautern nicht für „lang“ gilt, so folgt daraus weiter nichts, als dass damals auslautendes s vor Mitlautern spurlos schwand, obgleich es vor Selbstlautern und Pausen noch gesprochen wurde (-ŭs vor Selbstlautern wird nie verschleift wie -ŭm), wie ja auch im Französischen die Schlusskonsonanten vor Mitlautern verstummten, früher aber vor Selbstlautern und Pausen erhalten blieben (Diez, I, S. 442 f.) und noch heute wenigstens vor Selbstlautern gehört werden (vor Pausen jetzt nur noch der Auslaut von tous, cinq, six, sept, huit, neuf, dix, selten von deux, trois). Auch wenn Cicero (Orator 161) und Quintilian (IX, 4, 38) den völligen, aber bloss vor Mitlautern eintretenden Schwund nicht ausdrücklich bezeugten, so müssten wir uns gegen ein „irrationales" **s** verwahren, ein lautliches Ungeheuer, welches bald gehört wurde, bald nicht, obschon es immer gleich lang gewesen sein soll. — Wenn **h** im Griechischen und Lateinischen nicht „Position" macht, so beruht das zum Theil auf denselben Gründen wie die Nichtposition von **qv, pl, pr, kl** u. s. w., zum Theil auf andern, deren Erörterung viel zu weit führen würde. So lange die „Metrik" eine grauenvolle Verquickung der verschiedenartigsten Dinge ist, wäre es überhaupt angemessen mit etwas mehr Umsicht und Kritik zu verfahren, wenn man „metrische" Eigenthümlichkeiten für die Sprachgeschichte verwerthen will.

Die Macht der Lautgesetze.

Endlich ist daran zu erinnern, dass das Streben nach Bequemlichkeit, worauf alle Lautgesetze beruhen, zwar sehr mächtig, aber nicht unwiderstehlich ist. Die Oberfranken, Schwaben, Baiern und Oestreicher sind zwar unfähig die Selbstlauter in Mann, lang, Sohn, Ruhm u. s. w. ungenäselt hervorzubringen; aber die andern Deutschen lassen reinen Mundlaut hören. Einem Ungeübten mögen französische Wörter wie *bág* (bague), *rád* (rade), *róʃ* (rose) mit tönendem Auslaut vor Pausen und Stimmlosen unmöglich erscheinen, aber den Franzosen machen dieselben keinerlei Schwierigkeit. In den Sprachen welche überhaupt lange Mitlauter haben, kommen diese gewöhnlich nur zwischen zwei Selbstlautern innerhalb des Wortes vor; aber an und für sich sind sie in jeder nur denkbaren Stellung möglich und so finden wir sie, abgesehen von bekannten Ausnahmen, im Altgriechischen auch vor **t, m** u. s. w. (C. I. G. 25 und 1306), im Oskischen (z. B. vꝸass) und im Altnordischen auch auslautend, im Sanskrit und im Sardischen unter Umständen auch anlautend; dass die Schweizer die Vertreter gewisser alter Laute oder Lautgruppen in jeder Stellung ausnahmslos dehnen, ist schon oben (S. 20 f.) erwähnt worden. Ich habe Leute gehört, welche unfähig waren im Auslaut vor Pause kurzen Mitlauter zu sprechen: sie sagten in diesem Fall z. B. *laṅ, arḿ, faś* (lang, Arm, Fass). Auch in unserer Sprache kann im Anlaut nach einer Pause gedehnter Mitlauter vorkommen (s. oben S. 13).

Die Verschiebung der indog. **bh, dh, gh.**

Hat man sich von den Fesseln herkömmlicher und unphysiologischer Vorstellungen frei gemacht, so bietet die Verschiebung der indogermanischen **bh, dh, gh** und deren fortdauernde Scheidung von den indog. **b, d, g** nicht die mindeste Schwierigkeit. Wie im Ahd. **j** nach Konsonanten regelmässig schwand und diese dafür lang wurden (z. B. **ll** für **lj** u. s. w.), so fiel **h** im Urdeutschen aus und bewirkte Ersatzdehnung der **b, d, g** welche vor ihm gestanden hatten. Wie im Altnordischen, Niederdeutschen und Hochdeutschen (s. oben S. 55 ff.) den langen Schlusslauten die Erleichterung versagt blieb, welche den kurzen gegönnt wurde, so erhielten sich auch im Urdeutschen die langen Medien als die Bequemlichkeit die kurzen zu **p, t, k** machte. Wie im Neuhochdeutschen und in vielen andern Sprachen und Mundarten die gedehnten Mitlauter ausnahmslos gekürzt worden sind (s. Beiträge z. Gesch. der deutsch. Sprache von Paul und Braune, II, S. 564 f.; 572 f.), so kürzte auch eine spätere Periode die urdeutschen **b, d, g**, was natürlich nicht verhindern konnte, dass in folgenden Zeiten durch abermals eintretendes Schwinden von Lauten neue Ersatzdehnungen aufkamen. Dass Lautverhältnisse fortbestehen, nachdem die Ursachen, durch welche sie herbeigeführt worden, verschwunden sind, ist ganz natürlich und kommt oft vor. Z. B.:

im Germanischen: der Umlaut; ferner das Stimmlosbleiben der Reibelaute nach betontem Selbstlauter (s. Kuhns Zeitschrift XXIII, S. 114);

im Hochdeutschen: das *ś* für **s** vor früher gesprochenem **ch** (s. oben S. 33);

im Elsässischen: *ś* für **s** vor abgefallenem **t** (*kxànś* = kannst); der in **rk, rch** u. s. w. eingeschobene Vokal (*śtróspùri* neben *śtróspùrik* = Strassburg);

im Französischen: das vorgesetzte **e** vor **sp, st, sk** (*epe* épée = espatha; *etual* étoile = estella; *ekri* écrit = escriptum); die in **mr, nr** u. s. w. hinzugetretenen Medien (*sąbr* chambre; *ǫbl* humble; *sądr* cendre); das nach Schwund des **s** unassibilirt gebliebene **-sti-** vor Selbstlautern (*kretią* = chrestien, nicht *kresią*); das in **sr** eingeschobene **t** (*pätr* für *päsr*); die nach ihrer Verkürzung nicht in Medien und Mundlaute übergegangenen gedehnten **p, t, k** (s. oben S. 56).

Wie im Schweizerischen und Elsässischen die langen **i, ü, u** von den kurzen **i, ü, u**, im Niederdeutschen die langen **s** von den kurzen **s** (s. oben S. 56) und im Elsässischen die langen **b, g** von den kurzen **b, g**, so blieben auch im Urdeutschen die langen **b, d, g** von den kurzen **b, d, g** lautlich geschieden, nachdem sie selber kurz geworden waren.

Dass die indogermanischen Medien in germanischen Wörtern wie Bahre, Damm, Gaumen bis auf den heutigen Tag erhalten und nicht mit den andern zu Tenues (hd. zu Affrikaten und Reibelauten) geworden sind, verdanken sie also dem Umstande, dass sie vor vielen Jahrhunderten einen **h**-Laut hinter sich hatten.

IV. Die **b, d, g** des Alt- und Mittelhochdeutschen.

Im Hochdeutschen machen sich die oben (S. 40 ff.) erwähnten Uebelstände am stärksten fühlbar; am widerwärtigsten sind die orthographischen Schwankungen, welche sich bei einem und demselben Schreiber finden. So trifft man in einem und demselben Worte bald **k**, bald **c**, in einem andern bald **ze, zi**, bald **ce, ci**, und wieder in einem andern bald **ee**, bald **e** u. s. w. u. s. w. Nicht in allen Fällen ist es so leicht wie in diesen zu entscheiden, ob die Schwankungen sprachlicher oder rein orthographischer Natur sind.

Aergerlich ist die willkürliche Regelmacherei und Spielerei. F. Seiler (Beiträge von Paul und Braune, I, S. 435) bemerkt, dass einzelne Abschnitte der Benediktinerregel die Buchstabenverdoppelung zur Bezeichnung der langen Selbstlauter zwar nicht immer aber doch sehr häufig anwenden, andere gar nicht oder nur selten; einer, von S. 87 (Hattemer) an bis zu Ende habe nur je einmal **aa, ee, ii, oo,** mit Ausnahme des auslautenden **ī** der Femininen! Ferner (S. 404) dass in den häufig vorkommenden Wörtern **k a g a n, k a n g a n, k a r a w a n,** und im Präfix **ka-** sich ausnahmslos oder beinah immer **k** zeige, während **ca** (nicht **ka**) in seltener gebrauchten Wörtern vorherrsche, und vor **o, u, r, l** ausnahmslos **c** geschrieben werde. Endlich (S. 415) dass in **z ī t,** welches fünfzigmal vorkomme, immer **c** für **z** stehe, während in den übrigen Wörtern bis auf wenige Ausnahmen auch vor **i, e** immer **z** erscheine. — In all diesen Fällen ist ebenso wie in der oben (S. 42) erwähnten Otfriedschen Verwendung von **d** und **t** an Lautverschiedenheiten nicht zu denken.

Man muss sich also hüten die Schwankungen und Wunderlichkeiten der hd. Orthographie ohne schwerwiegende Gründe auch der Sprache zuzuschreiben.

Nach welchen Grundsätzen wendet man seine eigene Orthographie auf fremde Laute an?

Da unzweifelhaft Kelten und Romanen die Grundlagen zur hochdeutschen Orthographie gelegt haben, sollte man meinen die hd. **b, d, g** hätten keinen andern Werth haben können als den von Schlusslauten. Untersuchen wir die Frage genauer.

Denken wir uns ein gebildeter Franzose, welcher kein Wort deutsch versteht, mache einen längern Aufenthalt in einem abgelegenen Thale Süddeutschlands und wolle, um sich mit den Bauern verständigen zu können, ihren Dialekt lernen. Er fängt seine Sprachstudien damit an, dass er mit fragender Miene z. B. auf eine Ziege deutet; er erhält zur Antwort: *kais* und wird natürlich in sein Notizbuch eintragen c a ï c e = c h è v r e. Dann kommt vielleicht ein Kalb an die Reihe und er vernimmt *kxàlp;* das *à* mag ihm etwas dunkel, das *kx* etwas rauh erscheinen, jedoch schreibt er gleichwohl c a l p e = v e a u. Aber je mehr seine süddeutsch-linguistischen Kenntnisse zunehmen, desto mehr wird er einsehen, dass seine Schreibung c für *k* und für *kx* nicht ganz stimmen will; je nachdem ein Wort mit dem „weichern“ oder mit dem „härtern“ c anlautet, kann es einen völlig andern Sinn haben. Was soll er machen? Von Aspiraten und Affrikaten weiss er nichts; als Verhältniss von „weich“ und „hart“ kennt er bloss dasjenige zwischen seinem g und c, und dieses wird er schliesslich auf *k* und *kχ* übertragen, um so mehr da er nicht in den Fall kommt g sonst zu verwenden.

In der That liegt der dringende Verdacht vor, dass unter den b, d, g und p, t, k mit welchen englische und französische Missionare die Laute einiger aussereuropäischen Völker bezeichnet haben, nicht Schlusslaute und Tenues, sondern *p, t, k* und *ph, th, kχ* zu verstehen sind.

Nehmen wir ferner an ein Süddeutscher in Frankreich, welcher weder lesen noch schreiben kann, lerne diese Kunst zugleich mit und an dem Französischen. Cou wird er anfänglich richtig *ku* sprechen, und wenn er versuchen wollte sein deutsches Wort gut zu schreiben, so würde er es durch coute darstellen; erfährt er später, dass es im Französischen ein goût gibt, so kann er dies, da ihm die Schlusslaute fehlen, ebenfalls nur durch *ku* wiedergeben und wird nun wohl für sein gut noch die Nebenform goute einführen. Man wird ihn aber aufmerksam machen, dass cou „härter“ anlautet als goût und dass beide Wörter unterschieden werden müssen. Das Einzige was er dem an die Seite zu setzen hat, ist der Gegensatz zwischen seinen *kχ* und *k*, und diesen wird er auch anwenden. Er spricht also goût = *ku*, cou = *kχu*, und schreibt sein *kút* mit goute, sein *kχú* mit cou.

Wie gross die Neigung ist die Laute nach dem sprachlichen Verhältniss, in welchem sie zu andern stehen, zu beurtheilen, statt nach ihrem wirklichen Wesen, geht aus folgenden Beispielen hervor.

Wenn das indische ह (h) vorhergehende Tenues in Schlusslaute verwandelt, so scheint sich daraus unzweifelhaft zu ergeben, dass es ein tönender Laut war. Aber bei näherer Betrachtung stellt sich dieser Schluss als ein wenig sicherer heraus. — Hat sich jenes Gesetz ausgebildet zu einer Zeit wo ह noch gh war, so versteht es sich von selbst, dass z. B. -t gh- zu -d gh- wurde. Und auch wenn jenes später aufgekommen, so ist das Tönen des ह nicht erwiesen: wenn b, d, g im Auslaut vor Pausen oder vor Stimmlosen standen, liessen sie die Kehlkopfschwingungen verstummen; kamen sie aber vor h zu stehen, so bildeten sich die dem Inder in den alten Aspiraten ganz geläufigen Verbindungen bh, dh, gh und es war kein Grund zur Aenderung. Die Analogie der auslautenden p, t, k, welche ursprünglich b, d, g waren, beeinflusste dann die ursprünglichen p, t, k (vgl. oben S. 58). gh braucht nicht in einen tönenden Laut übergegangen zu sein; es ist im Gegentheil wahrscheinlich, dass das ह und das h der Aspiraten, dessen ursprüngliche Stimmlosigkeit nicht bezweifelt werden kann, ein und derselbe Laut war. Damit stimmt aufs beste, dass ह in allen heutigen Mundarten Indiens immer *h* lautet; ferner dass diejenigen unter ihnen, welche sich der arabischen Schrift bedienen, es nicht mit غ, womit die Araber ihr *ǵ* darstellen, sondern, gerade wie das h der Aspiraten, mit ه, dem arabischen Buchstaben für *h*, bezeichnen; endlich dass die Griechen in *Βραχμᾶνες* *kx* dafür sprachen. Dass ह tönend gewesen sei, können wir daher nicht zugeben, um so weniger da die neuern Mundarten Indiens die Neigung haben die inlautenden Stimmlosen durch tönende Laute zu ersetzen (das Drawidische, unter dessen Einfluss sie sichtlich stehen, kennt die Tenues nur im Anlaut, die Schlusslaute nur im Inlaut; s. Caldwell, a comparative Grammar of the dravidian . . . . languages, London 1875, 21 f.). Nichts desto weniger rechnen die indischen Grammatiker das ह unter die Stimmlaute, offenbar nur deswegen, weil es in der Sprache als ein solcher behandelt wird.

Wer sein Ohr durch Beobachtung und Uebung einigermassen geschärft hat, dem wird die Behauptung die neuhochdeutschen p, t, k im Anlaut vor Selbstlautern seien keine echten Aspiraten (bezw. Affrikaten), ähnlich vorkommen wie wenn ihm ein Blinder im glühendsten Sonnenbrande bestreiten wollte, dass es Tag sei. Darum kann Tobler (Kuhns Zeitschr. XXII, S. 114) einen Unterschied zwischen den nhd. und den romanischen p, t, k nicht in Abrede stellen. Aber die Theorie ist ihm doch stärker als die offenkundige Thatsache: echte Aspiraten will er im Nhd. nicht anerkennen, erstens weil ein neues Aufkommen derselben mit der Geschichte des Germanischen und namentlich des Deutschen in Widerspruch stände (dies ist dreifach falsch, da 1. die indg. **p**, **t**, **k**, 2. später die urdeutschen **p**, **t**, **k** und 3. im Nhd. die anlautenden **p**, **t** des Mhd. zu Aspiraten geworden, woraus sich in den beiden erstgenannten Fällen Affrikaten entwickelt haben); zweitens weil die Angaben über Bestand und Werth der fraglichen Laute zu unsicher seien (vielfältige, von einander meist unabhängige Zeugnisse zuverlässiger Männer aus den verschiedensten Gegenden Deutschlands und namentlich das eigene Hörvermögen verdienen also kein Zutrauen, aber was vor tausend Jahren irgend ein ungeschickter Schreiber zu hören glaubte, das liefert für die Lautlehre sichere Grundlagen!); drittens weil neben ihnen im Anlaut nicht auch echte Tenues bestehen (dies ist wiederum falsch, wenigstens für die gebildete Sprache Süd- und Mitteldeutschlands wo *pàkə* für nhd. backe, *phàkə* für packe, *toṛf* für Dorf, *thoṛf* für Torf, *kàsə* für Gasse, *kχàsə* für Kasse u. s. w. allgemein üblich ist).

Ich bezweifle nicht, dass Max Müller über jeden die Achseln zucken würde, welcher behauptete, der Unterschied zwischen den **p**, **t**, **k** und **ph**, **th**, **kh** im Armenischen, Sanskrit u. s. w. sei so schwer vernehmbar, dass nur die reinste Haarspalterei beide Reihen in der Schrift auseinanderhalten und in der Lautsystematik verschieden auffassen könne. Derselbe Fehler passirt aber ihm selber. Wenn, wie er anführt (Vorlesungen, II. Folge übers. v. Böttger, 1865, S. 139), die Engländer in den indischen **ph**, **th**, **kh** die irischen **p**, **t**, **k** wiederzufinden glauben, so folgt daraus, dass die englischen **p**, **t**, **k** reine, ungehauchte Tenues sind und nicht gleich den nhd. **p**, **t**, **k** im Wortanfang vor Tönenden Aspiraten oder Affrikaten. Der Gegensatz, welcher demnach zwischen den englischen Tenues **p**, **t**, **k** und den neuhochdeutschen Aspiraten **p**, **t**, **k** stattfindet, wird nun bei Max Müller zwar erwähnt, aber wie? „Man bemerkt leicht einen kleinen Unterschied in der deutschen und englischen Aussprache des **k**, **t** und **p**; dennoch hat jede der beiden Nationen nur eine Gruppe von Tenues und dieselben in verschiedene Klassen zu stellen oder gar durch verschiedene Zeichen zu versinnlichen. würde zu nichts als Verwirrung führen“ (Vorles. II. S. 142). Wenn also irgend ein Volk im Innern Afrikas weder Schlusslaute, noch unaspirirte Tenues, sondern, was wohl möglich wäre, bloss zwei Arten von *ph, th, kx* besässe, stärkere und schwächere, und es gefiele einem ohne Zweifel höchst ehrenwerthen, aber in lautlichen Dingen wenig bewanderten Missionare die kräftig hervorgestossenen Aspiraten mit p, t, k, die leiseren mit b, d, g zu bezeichnen, so wäre nach Max Müllers Ansicht allerdings zwischen den afrikanischen und europäischen b, d. g ein „kleiner“ Unterschied wahrzunehmen; aber da es in Afrika keine andern b, d, g gibt, so wäre es spitzfindig die schwachen *ph, th, kx* nicht für „Medien“ ansehen zu wollen. Wir werden also ganz unbefangen die *ph, th, kx* in Indien für Aspiraten, in Deutschland für Tenues, in Afrika für Medien gelten lassen. Gesetzt wir würden der Schreibung b, d, g zu lieb in drei nahverwandten Sprachen die Schlusslaute der ersten, die ungehauchten Tenues der zweiten und die schwachen Aspiraten der dritten allesammt als „Medien“ auffassen und einander gleichstellen, so kann man ermessen welch babylonische Verwirrung einreissen muss.

Wenn aber in unseren Tagen die grammatische Rolle eines Lautes unser Urtheil über dessen eigentliches Wesen so stark beeinflussen kann, so dürfen wir auch die Art und Weise wie Kelten, Romanen und romanisirte Deutsche in einer unkritischen und unwissenschaftlichen Zeit deutsche Laute aufgefasst und in der Schreibung derselben zum Ausdruck gebracht haben, nicht ohne weiteres für massgebend halten.

Dass man sehr Unrecht hätte dies zu thun, dafür gibt es die schlagendsten Beweise.

Das urdeutsche k *im Althochdeutschen.*

Die Ansicht ist allgemein verbreitet, dass anlautendes urdeutsches k bloss im Oberdeutschen, nicht aber im Hochdeutschen überhaupt verschoben sei. Wer die Orthographie für die Sprache hält und die sog. „Aussprache“ verachtet als etwas das mit „jedem Jahre und jedem Hause", „nach zufälligem Belieben und nach der Biegung der Zunge" wechselt und schwankt, der hat Recht: man findet vorherrschend **k** geschrieben. Wer aber die Schrift als Nebensache betrachtet und der Vernunft und der Geschichte gemäss in den Buchstaben nur Vertreter und Lückenbüsser für Laute erkennt, der wird so rücksichtslos sein und sagen: Wenn wir nicht wissen was die **ch** und **k** in der ahd., mhd. und nhd. Orthographie bedeuten, so können wir auch gar nicht beurtheilen ob die goth. **k** im Hd. verschoben sind oder nicht. Die Wissenschaft hat das Recht und die Pflicht sich nicht zum gedankenlosen Nachbeter jedes unbeholfenen Schreibers zu machen, welcher obendrein von einem „innern fest und fein gegliederten Leben der Sprache" nichts wusste, sondern sich „nach seinem zufälligen Belieben und nach der Biegung seiner Zunge" richtete.

Es ist nun eine Thatsache, dass der Laut, welchen wir im Nhd. und in den hd. Mundarten mit **k** bezeichnen, im Anlaut vor Selbstlautern nicht die romanisch-slawisch-indische Tenuis, sondern eine Affrikata ist[1]. Dass wir nicht wie der neuhochdeutschsprechende Schweizer hinter dem Schlaglaut ein postpalatales, oft stark schnarrendes *ẋ* (*ẋ̦*) hören lassen, wodurch Kaiser, kein beinahe wie Kchraiser, kchrein klingt, ändert an der Sache nichts, da wir diesen schweizerischen Reibelaut überhaupt nicht besitzen; deshalb sind unsere mediopalatalen *x* und unsere antepalatalen *ç* und die zahlreichen Mittelstufen zwischen beiden dennoch ganz richtige und unzweifelhafte palatale (d. h. an irgend einer Stelle des Gaumens gebildete) Reibelaute.

Das ahd. und mhd. **k** kann ebenfalls nichts Anderes als eine Affrikata gewesen sein (ob *kç*, oder *kx*, oder *k̇ẋ* ist hier gleichgültig; ich nehme *k̇ẋ* als das Wahrscheinlichere an). Dem labialen *pf* und dem dentalen *ts* (**z**) musste ein palatales *k̇ẋ* entsprechen; dass **k** im Anlaut rein geblieben sein soll, während es sich im In- und Auslaut oft zu *ẋ* ver-

[1] Früher war ich zweifelhaft ob man in K vor dunkeln Vokalen ein *kh* oder ein *kx* höre (Kuhns Ztschr. XXI, S. 59) In Folge längerer Uebung erkenne ich den Reibelaut jetzt deutlich als mediopalatal.

schob, ist leere Vermuthung. Die Sprache der heutigen hochdeutschen Stämme (mit Ausnahme der Alpenvölker, welche im Anlaut *k̑* oder *χ̑*, und vieler Obersachsen, welche *k* für altes **k** haben) beweist das hohe Alter des *kχ̑*: während sie im scharfen Gegensatz zum Nhd. in echt deutschen Wörtern keine *th* und keine *ph* kennt (z. B. nicht *thâk,* sondern *tâk* = Tag; vgl. oben S. 9 ff.) und **t** nicht von **d** scheidet, sondert sie anlautendes **k** vor Selbstlautern scharf von **g**, indem sie *kx* und *kç* für **k**, aber *k* für **g** setzt. Im Anlaut vor Mitlautern, im In- und Auslaut ist allerdings der Reibelaut ausser bei den Alpenvölkern stets geschwunden [1]; aber das urdeutsche **h** hat in denselben Fällen genau dasselbe Schicksal gehabt. In der Schweiz gilt heute der Buchstabe **k** immer und ausschliesslich als Zeichen für *kχ̑* (s. oben S. 21). — Warum wurde ferner das anlautende **c** romanischer Wörter so oft durch **g** ersetzt? Wenn man sich entschliessen konnte von der ursprünglichen Schreibung abzuweichen, so musste wohl **k**, **c** in der deutschen Orthographie etwas Anderes bedeuten als in der romanischen. Otfried sagt in seiner Vorrede: Ob stridorem dentium .... in hac lingua **z** utuntur, **k** autem ob faucium sonoritatem; also sprachen die Deutschen ihr **k** anders als die Romanen ihr **c** (abgesehen von **ce**, **ci**). Er schreibt im Anlaut, ferner nach **r**, **l**, **n** im Inlaut beinahe immer **k** (zuweilen auch **ch**) und gewöhnlich auch für **ck**; letzteres ist nur dadurch erklärlich, dass **k** eine Doppelkonsonanz bezeichnete; auch im Tatian kommen solche **k** = **ck** vor (bei Williram, welcher im Anlaut ebenfalls **k** hat, zeigen sich wie im Isidor, bei Notker und in der Benediktinerregel auch **cch** für **ck**). Wenn Otfried das **k** vor flexivischem **t** regelmässig in **g** verwandelt, so ist **k** offenbar eine Affrikata, welche ihren Reibelaut vor einer Tenuis einbüsst, ähnlich wie im Griechischen und Sanskrit **kht**, **pht** zu **kt**, **pt** werden. Ganz klar zu Tage liegt diese Geltung des **k** in dem mhd. —e k e i t für —e g - h e i t, welches

---

[1] Das Aufkommen von *k̑* für inlautend *kx* verräth sich in der Orthographie dadurch, dass Schreiber, welche das anlautende *kx* mit K bezeichnen, das alte GG = *k̑* durch CK ersetzen.

in allen hochdeutschen Mundarten *kxait* (oder *k̂x̂èit* u. s. w.) lautet (vgl. auch schweizerisch *k̂x̂ŏfə* und *k̂x̂ŏn* für —g-hofen).

Ferner haben wir das Zeugniss anderer ahd. Denkmäler.

Die Buchstabenverbindung **ch** *in der oberdeutschen Orthographie.*

Man nimmt gewöhnlich an, dass die griechisch-lateinischen **ph**, **th**, **ch** zur Zeit der römischen Kaiser bereits in die Reibelaute *f, þ, x* übergegangen waren; durch eingehende Untersuchungen bin ich aber zu dem Ergebniss gekommen, dass alle gewöhnlich angeführten Beweise nicht nur keine zwingenden sind, sondern bei unbefangener Betrachtung oft sogar für das Gegentheil sprechen; allen Anzeichen nach sind jene Lautformen, welche sich noch heute in Griechenland nicht ausnahmslos durchgeführt finden, erst im Laufe des Mittelalters allgemein geworden. Wenn wir daher in irgend einer mittelalterlichen Orthographie die Buchstabenverbindungen **ph**, **th**, **kh** treffen, so müssen wir wenigstens die Möglichkeit offen halten, dass dieselben *pf, tþ, k̂x̂* bedeuten können; gebrauchte man in **ph**, **th**, **kh** das **h** zur Darstellung der *f, þ, x̂*, so ist es auch leicht erklärlich, dass **h** ebenfalls bei andern Lauten verwendet wurde, für welche man keinen eigenen Buchstaben hatte (**dh** für **đ**, **bh** für **ƀ**, **ch** für *x̂*). Dass die mit **pf** wechselnden ahd. und mhd. **ph**, welche übrigens als nhd. noch bis ins 17. Jahrhundert herab vorkommen, die Lautfolge *pf* bezeichnen, wird allgemein anerkannt; dass **th** einen dem *tþ* ähnlichen Werth hatte, werde ich weiter unten nachweisen. Schon die Analogie von **ph** und **th** setzt also voraus, dass die **ch** (**kh**; seit dem 13. Jahrhundert finden sich **kh** und **kch** häufig sowohl anlautend als inlautend) nichts Anderes waren als *k̂x̂*, um so mehr da die Geltung des alleinstehenden **h** = *x̂* im In- und Auslaut nicht streitig ist.

Die etymologischen Verhältnisse bestätigen dies durchaus; wie **pf** urdeutschem **p**, und **z** = *ts* urdeutschem **t**, so steht **ch** urdeutschem **k** gegenüber, muss also jedenfalls im Anlaut *k̂x̂* gewesen sein.

Da nun allgemein im Hd. die inlautenden alten

p, t, k auch als *f, s* (in ahd. Orthographie mit z bezeichnet), *x̂ (x, ç)* auftreten, müssen wir untersuchen, ob jene *pf, ts, kx̂* zunächst aus *f, s, x̂* hervorgegangen sind, wie Manche annehmen. Auch wenn wir davon absehn, dass unsere hd. *pf, ts, kx̂* weder auf physiologischem, noch (durch Rückströmung) auf künstlichem Wege aus *f, s, x̂* hervorgehn konnten, ist der Sprung von p, t, k in *f, s, x̂* mit den hd. Lautverhältnissen unverträglich; es gilt hier dasselbe wie von der Verschiebung der indog. p, t, k: die Lockerung des Verschlusses musste vor Allem die b, d, g ergreifen (vgl. oben S. 69; 72); waren diese letztern Tenues, so wären beide Reihen in *f, þ, x̂* zusammengefallen; waren sie Schlusslaute, so wären sie regelmässig, auch zu Anfang der Wörter zu Mundlauten geworden; aber das Elsässische und andere hd. Mundarten, welche *w, i, y, u* für die inlautenden b, g setzen und diese mit den alten w, j vermischen, haben im Anlaut ausnahmslos *p, k,* streng geschieden von den anlautenden w, j.

Es bleibt kein anderer Weg als derjenige, welchen die Theorie von vornherein als den einzig wahrscheinlichen bezeichnen muss: zuerst tritt schwache Affrikation ein mit oder ohne Vermittlung von Aspiration; später werden die Reibelaute bestimmter und vernehmlicher, so dass die Schlaglaute, welche in solcher engen Verbindung einer bedeutenden oder auch nur mässigen Schallstärke gar nicht fähig sind und akustisch gegen die Reibelaute entschieden zurücktreten, sehr leicht schwinden können, was zahlreiche Beispiele bestätigen.

Die griechischen *Φ, Θ, X*, welche von manchen Neugriechen in einzelnen Fällen noch heute mit dem Werth als Affrikaten gesprochen werden, haben vor *f, þ, x* die Tenuis abgeworfen. Im Send, Griechischen, Lateinischen, Neuumbrischen, Litauischen, Slawischen wird ts (aus ts und aus ds) zu s; ebenso wird gemeinitaliänisches *ts* im Logudorischen und Genuesischen oft, im Piemontesischen immer zu *s;* im Mailändischen und Venezianischen *tš* oft zu *s* (im Piemontesischen *dʃ̆* zu *ʃ* wie im Griechischen *dʃ* zu *ʃ).* Aus dem lateinischen k vor hellen Vokalen hat sich, wie das Italiänische und das Rumänische zeigen, offenbar zunächst eine Affrikata entwickelt; im Spanischen, Portugiesischen, Provenzalischen und Französischen erscheint diese aber immer oder vorherrschend als blosser Reibelaut. Wenn das Sanskrit, welches im Auslaut nicht zwei Konsonanten (deren erster kein **r** ist), folglich auch weder Aspiraten noch Affrikaten zulässt, statt auslautend ç ein **k** oder ein ṭ setzt, so folgt daraus, dass ç durch Affrikation aus vorderem **k** entstanden ist. **ks** wird im Send und Lit. zu **š**, im Slawischen, Ital. und Span. zu **s**. Im Lateinischen werden **pf**, **tf**, **kf** zu **f** (offero, affero, effero), **ps** zuweilen zu **s** (asporto). Das Westfälische hat *s* für lateinisch **k** vor **e** und **i** (*sipl* Zwiebel, *sänqnər* Zentner, *sirkl* Zirkel, *säptər* Zepter, *sinſn* Zinsen, *krýs* Kreuz, *käsə* Kerze). Dass Franzosen und Niederdeutsche beim Versuch das hochdeutsche *pf, ts* nachzusprechen gewöhnlich *f, s* hervorbringen und nicht etwa *p, t,* ist bekannt genug. Wir sehn also beim Zusammentreffen einer Tenuis mit folgendem Reibelaut immer die erstere schwinden, wenn die Verbindung nicht geduldet wird.

Ausser der Unmöglichkeit des Ueberspringens von urdeutsch *p, t, k* in *f, s, x* und von hd. *f, s, x* in *pf, ts, kx* haben wir noch andere Beweise dafür, dass die hd. *f, s, x* für urdeutsch **p**, **t**, **k** durch Affrikaten hindurch gegangen sind. Diese Lautverbindungen erscheinen immer im Anlaut und als Vertreter früherer g e d e h n t e r Tenues im Inlaut, also gerade an Stellen, welche gewöhnlich einen ursprünglicheren Lautstand aufweisen; die (langen) *ṕ, ť, ḱ* wurden selbstverständlich nicht zu *pf, ts, kx,* sondern (wie im Italiänischen *aḱänto, aḱidänte* zu *aťsänto, aťšidänte*) zu *ṕf, ťs, ḱx* und blieben erhalten als die kurzen *p, t, k* in den *pf, ts, kx* schwanden. Es ist auch möglich, dass die *ṕ, ť, ḱ* später affrizirt wurden als die *p, t, k*. Die Schweizer haben noch jetzt die gedehnten Tenues in **pf**, **z**, **kh** (**ck**) bewahrt. — Endlich sind im heutigen Schweizerdeutschen die *f* = **p**, *s* = **t**, *x́* (*x̧́*) = **k** in jeder Stellung (nach langen und kurzen Selbstlautern, nach Mitlautern u. s. w.) gedehnt im entschiedensten Gegensatz zu den *f* = urdeutsch **f** (und rom. **v**), *s* = kurzem urd. **s**, und *x́* (*x̧́*) = urd. **h**. Das Neuhochdeutsche und das Elsässische beweisen durch ihre prosodische Behandlung der Selbstlauter, dass ihre *f, s, x (ç)* = urd. **p, t, k** noch vor dem 14. Jahrhundert immer lang waren (s. unten). In der mhd. Metrik machen **f, ȝ, ch** die Silbe „lang", und in der ahd. Orthographie finden wir inlautend regelmässig **ff, zz** (**zss** im Isidor), **hh** (bei solchen die nicht **ch** dafür verwenden). Diese Länge der hd. *f, s, x* kann nichts Anderes sein als Ersatzdehnung für ausgestossene *p, t, k* gerade wie im lateinischen s u f f e r o, a s s u m o für s u p f e r o, a t s u m o (vgl. Braune Beitr. I, 47 ff.).[1]

Wir müssen also nicht bloss in den mitteldeutschen *f, s* für anlautend *pf, ts,* sondern auch in den schweizerischen *x̂* für anlautend *kx̂* etwas weniger Ursprüngliches erblicken (in- und auslautend hat sich *pf, ts* auch in Mitteldeutschland und *kx̂* auch in der Schweiz immer erhalten). Dass diese alpine Eigenthümlichkeit schon früh eingetreten sei, ist leicht möglich, aber von vorn herein nicht besonders wahrscheinlich, geschweige denn erwiesen. Wenn Notker für altes **k** sowohl an- als inlautend **ch** schreibt, so folgt daraus ebensowenig gleiche Lautung wie aus der Orthographie der meisten ahd. und mhd. Handschriften, welche unterschiedslos **z** sowohl für *ts* als für *s* setzen. Beruft man sich auf seine **f** für gemeinhochdeutsch **pf** im Anlaut, welche vereinzelt auch in andern ahd. Denkmälern vorkommen, so ist dadurch doch nur ein vereinzeltes Schwanken oder eine lokale Eigenthümlichkeit bewiesen, denn *f* für urd. **p** im Anlaut ist den heutigen hd. Mundarten ebenso fremd, wie *s* für anlaut. *ts,* und man muss dann auch sein **z** im Wortanfang für *s* erklären. Im Inlaut bezeichnet er *kx* mit **cch**, welches als graphische Verdopplung ihm anlautend nicht verwendbar scheinen musste. Wenn die Freisinger Denkmäler das slawische **x** (= *x* oder *x̂*) im Anlaut durch **ch**

---

[1] Auch das bekannte ST für zwei zusammenstossende T ist durch Affrikation zu erklären. Wenn wir die lautlichen Elemente von H a u p t t h e i l scharf hervortreten lassen wollen, so sprechen wir *hàupththail.* Ebenso wurde in der Urzeit AT + TA zu *athta.* Wenn im Gothischen ST auch für þT eintritt, so folgt daraus weiter nichts, als dass das indog. T vor T früher affrizirt wurde als vor Vokalen.

wiedergeben, wie im Inlaut (im Auslaut fast immer durch **h**), so folgt daraus nur, dass urdeutsch **h** damals im A n l a u t zu *h* geworden war, nicht aber dass damals in Oberdeutschland bereits *x̂* für anlautendes germ. **k** gesprochen wurde, sonst müsste man auch aus den anlautenden **z** für slawisch **s** schliessen, dass im Wortanfang *ts* zu *s* geworden (s. Braune, Beiträge I, S. 529 ff.). Wenn **ch** = *x̂* war, weshalb findet man in den andern ahd. Denkmälern mit anlautendem **ch** gewöhnlich für den Inlaut, wo noch heute *x̂* (nicht *h*) in der Schweiz üblich ist, **hh** (in der Benediktinerregel oft **hch**) geschrieben und nicht **ch**? Ferner zeigen die meisten jener Handschriften **ch** im Inlaut für **cch**, **ck**; als Dehnung musste dieses das ursprüngliche *kx* länger bewahren; es lautet auch heute noch in den Alpengegenden immer *k̂x̂* (streng geschieden von **gg**, welches gedehntes *k̂* ist). Wie nach **r**, **l**, **n** nicht wie sonst *s*, sondern *ts* für altes **t**, und in ältern Quellen **pf** für altes **p** erscheint, und wie in derselben Stellung Tatian regelmässig **k** (nicht **h**), Otfried und Williram **k** (nicht **ch**) zeigen, so haben auch Isidor und die Benediktinerregel nach **r**, **l**, **n** gewöhnlich wie im Anlaut **ch** (nicht **h**), womit das heutige Schweizerische übereinstimmt, indem es in denselben Fällen, namentlich nach dem Nasal, *k̂x̂* und nicht wie sonst *x̂* für das alte **k** setzt; wir haben (S. 54 f.) gesehn, dass nach Konsonanten gern ein älterer Lautstand gewahrt wird. Auch ist zu beachten, dass die Benediktinerregel in **-rch-** den Hülfslaut **a** seltener einschiebt als in **-rh-** (s. Beiträge I, S. 431).

Dies Alles zeigt wie unbegründet es ist zu meinen, in der ahd. Orthographie könne **ch** nichts Anderes als den Reibelaut bezeichnet haben. Für Quellen aus Gegenden, welchen der anlautende palatale Reibelaut heute fremd ist, z. B. für den Isidor, ist **ch** sicher als *k̂x̂* aufzufassen. Für die oberdeutschen liegt einstweilen nichts Entscheidendes vor. Denn im Falle das urdeutsche *x̂* (indg. **k**) im Anlaut vor Selbstlautern zu jener Zeit schon *h* geworden war, so lag es nahe ein aus hd. *k̂x̂* hervorgegangenes *x̂* im Anlaut mit **ch** zu bezeichnen, weil **h** an dieser Stelle hätte als *h* gelesen werden können. Aus den Schreibungen **kh**, **qhu**,

quh ist auch nichts Sicheres zu schliessen; denn gesetzt man habe das Zeichen der Tenuis in Verbindung mit **h** zur Darstellung des Reibelautes verwendet, so war es gleichgültig, ob dasselbe **c** oder **k** oder **q** war.

Nachdem wir uns durch den schrecklichen Wust der Orthographie hindurchgearbeitet haben, kommen wir zu folgendem einfachen Ergebniss: urdeutsches **k** wurde in allen hd. Mundarten ohne Ausnahme zur Affrikata verschoben; zur Zeit der uns vorliegenden ahd. Denkmäler hatte sich dieselbe noch im Anlaut, in der Dehnung und nach **r**, **l**, **n** erhalten, während sie sonst den Schlaglaut verlor, so dass nur der eingedrungene Reibelaut übrig blieb, welcher zum Ersatz lang wurde. Dass der Inlaut zuweilen zwischen Affrikata und blossem Reibelaut schwankte, kann im Grossen und Ganzen an dem Lautstande nichts ändern.

Dies ist sehr wichtig. Denn ist einmal sicher erwiesen, dass den **c** und **k** in der deutschen Orthographie vorherrschend ein Werth zuertheilt wurde, der ihnen in den romanischen nie zukam, so haben wir allen Grund in Betreff der übrigen Lautzeichen, namentlich der **b**, **d**, **g**, misstrauisch zu sein.

Das **d** *der hd. Orthographie.*

Betrachten wir das hd. **d**. Kann dieses ein Schlusslaut gewesen sein? Wir sehn im Hd. eine Anzahl urdeutscher **s**, **f**, **h** tönend werden und in **r**, **b**, **g** übergehn (früh erweichte **þ** erscheinen im Hd. als **t**); aber viele andere **s**, **f**, **h** thun das nicht[1]; tönende Reibelaute kommen in den hd. Mundarten heute nicht vor. Nun soll urdeutsch **þ** im Hochdeutschen ohne Ausnahme stets tönend geworden sein! Ferner. In den nordischen und niederdeutschen Sprachen (nicht im Gothischen) werden alle Reibelaute zwischen Stimmlauten tönend; aber nur im In- und Auslaut; der Anlaut bleibt beinahe immer stimmlos (keineswegs alle niederdeutschen Mundarten haben tönendes **s** im Anlaut; südenglisch **v**

---

[1] Ich muss auf Grund der heutigen hd. Mundarten die Annahme zurückweisen, dass in der mhd. Orthographie inlautend V einen tönenden Laut bezeichnen solle. Vgl. Paul, Beitr. I, S. 167 f.

für anlaut. f ist rein lokal). Hingegen im Hd., wo das Tönendwerden der urdeutschen Reibelaute erwiesenermassen weit seltener ist, als in den andern deutschen Sprachen, da sollen auch die anlautenden þ tönend geworden sein und zwar alle! Noch nicht genug. Wären neben den angeblich tönend gewordenen þ noch viele alte *d* vorhanden gewesen, so wäre es begreiflich, wenn beide Laute nicht mehr streng geschieden worden wären und d alle þ an sich gerissen hätte. Aber es ist unzweifelhaft, dass d für þ erst dann eintrat, als die alten d in t übergegangen waren; nachdem also das Hd. sich der beschwerlichen Schlusslaute entledigt hatte und deren keine mehr besass, liess es dieselben gegen alle Bequemlichkeit aus Mundlauten neu entstehn! Endlich sind diese neuen Medien wieder zu Tenues geworden; denn in keiner hd. Mundart findet man d als Schlusslaut!

Und weshalb sollen wir uns zur Annahme dieser aufeinander gethürmten Unmöglichkeiten und Unwahrscheinlichkeiten verstehn? Bloss weil eine Orthographie, welche wir schon aus theoretischen Gründen im Verdacht der Unzuverlässigkeit haben müssen, welche sich bereits in einem Fall als offenbar falsch erwiesen hat, welche auch sonst von grosser Unbeholfenheit und Unsicherheit zeugt, zufällig das Zeichen d verwendet!

Das hd. d war niemals tönend; das urdeutsche þ ist im Hd. ebenso wie (anlautend) im Dänischen und im Schwedischen und wie bei den Romanen (Diez, I, S. 314) zur Tenuis geworden. Wie die Fremden, welche die lateinische Schrift einführten, die deutschen, dem Romanischen unbekannten *kx* als starke, harte, rauhe c oder k auffassten, so haben sie auch schwache Tenues mit ihren Medien verwechselt; dass Leute, die in ihrer Sprache tönende Schlusslaute haben, die hd. reinen Tenues nicht von ihren Medien unterschieden, habe ich wiederholt beobachtet (warum *t* für *þ* eintrat, während *s, f, x* nie in *t, p, k* überschlagen, werde ich weiter unten erörtern).

Die b *und* g *der hd. Orthographie.*

Wenn hd. d eine Tenuis bezeichnete, so dürfen wir dasselbe auch von b und g erwarten.

Schon die hd. *pf, ts, k̂x̂* sprechen dafür, dass die urdeutschen b, d, g zu *p, t, k* geworden waren. Warum sollten die alten p, t, k eine offenbare Steigerung erlitten haben, wenn nicht neue, schwächere *p, t, k* neben ihnen aufgekommen wären und sie zur Aspiration und Affrikation getrieben hätten? Hingegen das Verstummen der Schlusslaute mit Hinterlassung der begleitenden Schlaglaute ist physiologisch eine entschiedene Erleichterung. Die grösste Wahrscheinlichkeit ist also, dass die hd. Verschiebung mit den b, d, g begonnen hat und zur Zeit der ältesten hd. Aufzeichnungen längst vollzogen war. Dass wegen der grössern Verbreitung die Verschiebung der Tenues, namentlich des t älter sein müsse, als diejenige der Medien, kann ich nicht zugeben. Denn der Uebergang von þ in „d“ ist heute überall, sogar im Niederdeutschen, ausnahmslos eingetreten, wäre also am allerältesten; aber die vorhandenen Denkmäler belehren uns eines Andern. Ferner erklären sich die Thatsachen völlig befriedigend durch den von Braune (Beitr. I, S. 44 f.) gelieferten Nachweis, dass die Verschiebungen nicht überall gleichzeitig durchgedrungen sind, sondern sich allmälich von Süden nach Norden hin verbreitet haben: *k̂x̂, ts, pf* für *k̂, t, p* sind Verschiedenheiten, welche man nicht überhören kann; hingegen der Gegensatz zwischen *p, t, k* und *b, d, g* bleibt Ungeübten, welche die sprachliche Rolle der Laute mehr als deren Wesen beachten, sehr leicht verborgen. Eine Mundart konnte sehr wohl von einer südlichen Verwandten die auffälligen *k̂x̂, pf* und namentlich die *ts* annehmen, während sie die fremden *p, t, k* für identisch mit ihren *b, d, g* hielt und diese daher unverändert liess.

Da ferner urdeutsches d im Hd. zur Tenuis geworden, woran gar kein Zweifel ist, so fordert die Analogie ganz dasselbe für b und g; beinahe alle hd. Mundarten setzen, wenn wir von den Verschiedenheiten des Inlautes absehn,

pf, ts, kx (kç) für alt p, t, k
p, t, k „ „ b, d, g.

Die Verschiebung ist heute vollkommen regelmässig; eine Ausnahme für b und g lässt sich für die frühere Zeit durch nichts begründen. Wenn bei alt d die Verschiebung in den

Denkmälern mit grösserer Strenge zum Ausdruck gelangt, so liegt der Grund ganz einfach darin, dass (aus altem þ) ein Laut aufgekommen war, welchen man glaubte mit d bezeichnen zu müssen, so dass dieser Buchstabe nicht mehr für *t* = alt d verwendbar sein konnte. Aehnliches findet sich ja noch sonst. Die Handschriften, welche *kx* durch k wiedergeben, konnten dieses natürlich nicht zur Darstellung des *k* brauchen und zeigen daher nur g für die alte Media, während solche die ch schreiben, gewöhnlich auch zwischen g und k schwanken. Im Weissenburger Katechismus, welcher dh neben th für þ hat, findet sich t neben d (z. B. tootêm neben doodêm). Otfried bedient sich im Anlaut des d für alt d, von th = þ streng geschieden; im Inlaut aber, wo er d für den Vertreter des þ nöthig hat, setzt er t.

Wir haben oben gesehn, dass sich die oberdeutschen Schreiber in ihrer Auffassung des *kx* vortheilhaft vor ihren Zeitgenossen auszeichnen; finden wir nun bei ihnen die p, t, k für alt b, d, g strenger durchgeführt und bedenken wir, dass keine einzige hd. Mundart heute einen Schlusslaut besitzt, so sind wir berechtigt die oberdeutsche Orthographie auch hier für richtiger zu halten.

b und g stehn in einer Reihe von Wörtern für fremde *p* und *k*[1] (die Freisinger Denkmäler haben nicht selten b für slawisch p, aber immer nur im Anlaut und einmal nach s im Inlaut; Braune, Beitr. I, S. 533); ferner öfter für alt p und k wie auch d für alt t (in sp, st, sk, ft, ht; Otfried hat dr- für alle alten tr-, ferner rg, lg für auslautend rk, lk, und gt für kt in der Flexion; Notker schreibt g und gh für ch im Auslaut, zuweilen gt für cht); an Eintreten eines Schlusslautes ist hier überall nicht zu denken.

---

[1] Für die Behandlung der fremden *p, t, k* sind in den hd. Mundarten drei Perioden zu unterscheiden. 1. Vor der zweiten Lautverschiebung eingebürgerte werden zu *pf (f), ts (s), kx (x)*. 2. Im Mittelalter nach der Verschiebung aufgenommene bleiben *p, t, k* (in süd- und mitteldeutscher Orthographie B, D, G geschrieben). 3. Durch die neuhochdeutsche Schriftsprache vermittelte sind im Anlaut vor Selbstlautern *ph (pç), th (tç), kx (kç)*. — In der Schweiz sind die drei Fälle für anlautend K: 1. *k*. 2. *k*. 3. *kk*.

Dazu kommt noch das Schwanken zwischen b, d, g und p, t, k für alt b, d, g, welches sich oft stark bemerklich macht (namentlich b ist wenig fest; im Inlaut, wo die Media sich länger hätte halten müssen, schreibt Otfried stets t, im Anlaut aber d für alt d!). Es ist möglicherweise bloss graphisch und beweist für die Sprache ebenso wenig wie die Orthographie der heutigen Dialektschriftsteller, welche ihre *p, k* und ganz besonders ihre *t* mit grösster Willkür bald mit p, k, t, bald mit b, g, d bezeichnen, oft in einem und demselben Wort. Wenn man sich der oben (S. 77 f.) gegebenen Proben erinnert, so können die Handschriften für sich allein genommen hier gar nichts beweisen. Jedenfalls hat das Schwanken, wenn es überhaupt ein solches gab, nicht zwischen Schlusslaut und Tenuis stattgefunden. Wir haben gesehn, dass in den meisten germanischen Sprachen die Dehnung den ältern, unbequemern Laut bewahrt (s. oben S. 55 ff.). Nun bieten ahd. Denkmäler, welche sonst willkürlich zwischen p, k und b, g schwanken, für bb, gg vorherrschend oder ausschliesslich pp, ck. Daraus, dass der ältere Laut gerade da, wo er sich länger hattc halten sollen, dem neuen gewichen ist, folgt, dass er noch viel mehr in den übrigen Fällen geschwunden sein muss. Wenn die Ungleichheit der Orthographie ihren Grund in der Sprache hatte, so kann diese nur im Inlaut und nur zwischen Mundlaut und Tenuis geschwankt haben. — Darauf dass im Wortinnern b, ʒ aufgekommen, während im Auslaut die *p, k* für b, g erhalten blieben (vgl. oben S. 59 f.), beruht möglicherweise auch der mhd. Uebergang der auslautenden b, g in p, c, welcher übrigens vielen Handschriften fremd ist; nach dieser Analogie kann t für auslautend d (= alt þ) beliebt worden sein. Aber die romanische Einwirkung, welche für den Wechsel zwischen -v- und -f kaum geleugnet zu werden vermag, ist nicht zu vergessen (s. oben S. 41 f.).

Ein Fehler zog natürlich den andern nach sich; schrieb man k für *kχ*, so war dieser Buchstabe für das echte *k* nicht mehr verfügbar und man musste zu g greifen, was um so unverfänglicher war, als es neben *k* kein *g* mehr gab. Wer wie Otfried p schreibt für die Aspirata *ph* (so lautet im

Südfränkischen das alte p im Wortanfang vor Selbstlautern; z. B. *phàls, phàf* etc.), der kann es für blosses *p* nicht brauchen; wo aber p nicht wie k eine ungehörige Bestimmung erhalten hatte, blieb es für *p* frei und für dieses erscheint es denn, namentlich in bairischen Denkmälern, häufig genug; Scherer (z. Gsch. d. d. Spr. S. 471), welcher auf die Wiedergabe der hd. b, d in Lehnwörtern durch magyarische und slawische Tenues hinweist, hebt hervor, dass im Slawischen am häufigsten p für hd. b, nie k für hd. g erscheine; wiederum ein schlagendes Beispiel dafür, dass die sprachliche Rolle eines fremden Lautes bei dessen Auffassung weit mehr ins Gewicht fällt, als dessen physiologische und akustische Natur. — Bezeichnete man Tenues mit d, g, so lag es ohnehin nahe, das b ebenso zu gebrauchen, und so gelten noch heute die *p, t, k* in Süd- und Mitteldeutschland für „Medien". — Wie heute die Süddeutschen statt der Schlusslaute im Französischen immer Tenues sprechen, so lasen selbstverständlich die deutschen Mönche vor tausend Jahren die lateinischen b, d, g als *p, t, k;* deshalb entschlüpften ihnen auch in lateinischen Texten p, c für b, g wie f für v (z. B. in den Kassler Glossen). Dass sie die *p, t, k* im Deutschen so schrieben wie sie dieselben im Lateinischen so oft bezeichnet fanden, d. h. mit b, d, g, ist beinahe eine Nothwendigkeit.

Sind nicht vielleicht bei Notker, dem wegen seines feinen Ohres Vielgepriesenen, die Schlusslaute zum Theil erhalten? — Wir müssen uns allerdings hüten Erscheinungen, welche wir später zu Gesicht bekommen als andere, deshalb auch ohne weiteres für jünger zu halten (vgl. ahd. -mēs mit got. -m); aber wenn wir an einem und demselben Orte, welcher schon 200 Jahre früher nachweislich keine Schlusslaute mehr hatte, wieder b, d, g wie bei Notker regelmässig in gewissen Stellungen finden, so ist die Erhaltung des ältern Lautstandes um so weniger wahrscheinlich, als in den Psalmen, welche von einem spätern Schreiber herrühren, die Notkersche Regel manche Ausnahmen zeigt. Sollte zu Sankt Gallen die Sprache so veränderlich gewesen sein? Wie konnte sich ferner der Schlusslaut am Wortende halten, wenn er im Anlaut so empfindlich gegen die Berührung mit Stimmlosen und Pausen war? Wenn Notker für den Anlaut ein so feines Ohr hatte, so musste er es auch für den Auslaut haben; dass von Schlusslauten hier keine Rede sein kann, zeigt sich überdies darin, dass trotz der konsequenten Orthographie die auslautenden **b**, **d**, **g** auf folgende Anlaute nicht wie tönende, sondern wie stimmlose Laute wirken. Ferner findet sich **d** niemals für die alte Media, sondern bloss für den alten Reibelaut **þ**, welcher stimmlos war und im Anlaut nie tönend geworden ist! Endlich schreibt Notker **gh** für auslautend **g** und **cch**; ebenso **rg**, **lg** für auslautend **rch**, **lch** und auch häufig **b**, **g** (letzteres sogar für **cch**!) vor der Endung **t** (die Benediktinerregel hat stets **pt**, **ct**). — Sei es, dass er seine **b**, **d**, **g** wirklich anders sprach als seine **p**, **t**, **k**; sei es, dass er einen Unterschied bloss zu hören wähnte, sei es, dass er mit vollem Bewusstsein eine Spielerei durchführte, Schlusslaute dürfen wir bei ihm nicht voraussetzen.

Bloss für die Verbindungen mit vorhergehendem **m**, **n**, **l**, **r** kann zugegeben werden, dass die Medien vielleicht noch in späterer Zeit erhalten blieben (vgl. oben S. 36; 54 f.), da in diesen Stellungen die Buchstaben **b** und **g** den **p** und **k** gegenüber vorzuherrschen scheinen; dazu würde stimmen, dass in den meisten heutigen Mundarten **mb**, **ng** zu *m*, *η* geworden sind (aber **nd** = alt **nþ** ist in den meisten *nt*, wenn auch in manchen Strichen *n* oder das befremdliche *η* dafür erscheint) und dass sich in der mhd. Orthographie so häufig die alten **nd**, **ld**, **rd** zeigen.

Wenn einmal allgemein anerkannt wird, dass Orthographie und Lautlehre ganz verschiedene Dinge sind, welche nur zum schweren Schaden der Wissenschaft vermengt werden, so wird man die hd. **b**, **d**, **g** nie anders als Tenues nennen und dieselben in der Grammatik mit *p*, *t*, *k* bezeichnen.

Hd. **d** *und* **t** *müssen akustisch verschieden gewesen sein.*

Da die Buchstaben **d** (= alt **þ**) und **t** (= alt **d**) im Ganzen unvermischt blieben, so muss ein Unterschied des akustischen Werthes zwischen ihnen stattgefunden haben. Untersuchen wir zunächst die Entstehung des mit **d** geschriebenen Lautes.

Dass die **th** und **dh** der ahd. Denkmäler echte Aspiraten gleich den nhd. **t** in T a g, T a u b e, T a s s e u. s. w. bezeichnet haben, ist unmöglich, denn sie kommen neben den **z** für urdeutsch **t** vor; der Uebergang in *ts* hätte bei *th* eher eintreten müssen als bei *t* und die alten **th** wären mit den alten **t** in ein gleichförmiges *ts* zusammengefallen. Auch können wir nicht annehmen, dass bevor **th** zu *t* wurde, es eine Affrikata *tþ* war genau in dem Sinne wie unsere *pf*, *ts*, *kç*, *kx*; denn einerseits wäre dann das indog. **t** ohne ersichtlichen Grund ganz abweichend von **p** und **k** behandelt worden und andrerseits ist bei einer dentalen Affrikata das Verschwinden des Reibelautes bei erhaltener Tenuis ganz unwahrscheinlich.

Aber wenn das ahd. **th** ein Reibelaut war wie das *þ* der andern germanischen Sprachen, entsprechend den **f**, **h** für indg. **p**, **k**, wie kommt es, dass dafür ein Schlaglaut eintritt? Ein solcher Wechsel ohne äussere Veranlassung ist doch unerhört? — Darauf gibt die Physiologie befriedigende Auskunft, wenn sie sich, was Brücke leider allzu oft unterlassen hat, von den Fesseln der üblichen Orthographie und der herkömmlichen Anschauungen frei macht.

Theorie der Schlaglaute.

Wenn wir das nhd. Fremdwort a p a r t sprechen, verfahren wir folgendermassen. Zuerst bringen wir die Stimmbänder zum Schwingen, während die Mundhöhle die **a**-Stellung hat; dann lassen wir das Tönen verstummen, indem wir zugleich die Lippen zuklappen; nach einer sehr kurzen Pause öffnen wir den Mund wieder, um einen *h*-Laut hervorzubringen; dann folgen **r** und **t**. **apa** ist demnach hier

$$a\,{}^{\prime p}{}_{\circ}{}^{p}\,ha.$$

Auf den Buchstaben **p** fallen also vier physiologische Vorgänge: 1. Lippenschliessen, 2. Pause, 3. Lippenöffnen, 4. Aspiration. Angenommen der Buchstabe **p** hätte niemals einen andern Werth als diesen mehrtheiligen, so wäre die Physiologie sehr zu tadeln, wenn sie denselben unter die einfachen Lautelemente aufnähme. Denn ihr Zweck ist nicht die Buchstaben der herkömmlichen Schrift in schönen loth- und wagerechten Reihen aufzustellen, sondern die Sprachlaute in ihre Bestandtheile zu zergliedern. In der That hat unser **p** noch andere Bedeutungen; z. B. das **mpe** in L a m p e sprechen wir folgendermassen: die Stimmbänder schwingen, während die Lippen geschlossen und die Nasenhöhlen geöffnet sind; dann tritt eine kurze Pause ein; hernach öffnen sich die Lippen, indem zugleich, ohne Einschiebung eines *h*-Lautes, ein Mittelklang zwischen **a** und ö gebildet wird; demnach ist

$$\textbf{ampe} = a\,{}^{'p}m\,{}_{\circ}{}^{p/}\partial.$$

Auf **p** fallen also hier zwei Vorgänge: 1. Pause, 2. Lippenöffnen. Auch diesen Werth kann die Physiologie nicht für einen elementaren gelten lassen, sie muss einen S c h l a g l a u t überall anerkennen, wo ein Verschluss hörbar geöffnet oder hergestellt wird, mag unmittelbar vorher oder nachher eine Pause eintreten oder nicht.

Sprechen wir in **abe** das **b** als Schlusslaut, so tönt die Stimme von Beginn des **a** bis zu Ende des **e** ununterbrochen fort; **a** geht also unmittelbar in den Schlusslaut und dieser ebenso in **e** über; aber dazwischen steht, als zeitlose Vermittlung, das Schliessen und Oeffnen der Lippen. **abe** ist demnach $a\,{}^{p}b\,{}^{p/}\partial$; wir sprechen zwar das *p/* in dieser Verbindung ziemlich schwach; es kann aber, ohne dass die Stimme zu tönen aufhört, das Maximum der Stärke haben, dessen ein Schlaglaut überhaupt fähig ist. **b** hat also hier einen dreitheiligen Werth: 1. Lippenschliessen, 2. Schlusslaut, 3. Lippenöffnen; diesen kann die Physiologie ebenso wenig als elementar betrachten, wie die oben bei **p** erwähnten. Sobald wir zugleich mit dem Lippenschliessen die Stimme schweigen und erst nach einem Augenblick wieder eintreten lassen, hören wir $a\,{}^{/p}{}_{\circ}b\,{}^{p'}\partial$ = **apbe**; tritt die kurze Pause unmittelbar vor dem Lippenöffnen ein, so haben wir $a\,{}^{p}b_{\circ}{}^{p/}\partial$ = **abpe**; wird der Stimmton nach dem Lippenschluss kurz unterbrochen, tönt dann wieder um unmittelbar vor dem Lippenöffnen wieder zu verstummen, so entsteht eine Lautverbindung, $a\,{}^{/p}{}_{\circ}b_{\circ}{}^{p/}\partial$, welche unsere Orthographie mit **apbpe** bezeichnen müsste. Für die Sprachforschung ist es bequem den Verbindungen einer kurzen Pause mit einem Schlaglaut einen eigenen Namen zu geben, wie man auch von Aspiraten Affrikaten u. s. w. spricht; ich wähle den Ausdruck *Tenuis*. Davon wohl zu unterscheiden sind die Schlaglaute, welche zwischen zwei Pausen stehn, wie z. B. *p/* in $a^{/p}{}_{\circ}{}^{p/}{}_{\circ}a$, eine Verbindung, welche oben (S. 15) erwähnt worden.

Geht man von *b* unmittelbar nach *m* über, so hört der Schlusslaut genau da auf, wo der Nasal anfängt, aber zwischen beiden steht doch deutlich vernehmbar der *faukale* (d. h. der mit Hülfe des Gaumensegels und der dahinter liegenden Schlundwand gebildete) Schlaglaut, wie eine mathematische Ebene, welche den Raum in zwei Theile zerlegt, ohne selber ein Theil des Raumes zu sein. Bezeichnet man die verschlussherstellende Rückwärtsbewegung der Nasenklappe mit */q*, so ist

$$\textbf{obmo} = o^{/p}b^{q/}\overset{/q}{m}{}^{p/}o.$$

Dieselben Lippenbewegungen wie bei **abe** treten auch bei **ame** ein. Geht man ferner von einem ungenäselten o-Laut zu einem genäselten über, so muss sich der faukale Verschluss lösen wie in **bm**; $o\varrho o\varrho$ ist also genauer:

$$o^{q/}\varrho^{/q}o^{q/}\varrho.$$

Die herkömmliche Orthographie verwendet ihre **p**, **t**, **k** nur dann, wenn dem Schlaglaut eine Pause unmittelbar voraufgeht oder folgt, und lässt die übrigen Schlaglaute unbezeichnet; wir sind auch wenig geneigt, dieselben anzuerkennen, weil sie in jenen Lautverbindungen sich ganz nothwendig einstellen müssen und durch die Stimmlaute verdeckt werden. Aber sobald letzteres Hinderniss wegfällt, nämlich wenn der erste oder der zweite oder beide der Laute zwischen welchen sie stehn, stimmlos sind, kommen sie uns sogleich deutlich zum Bewusstsein *ohne grössere Stärke als gewöhnlich zu haben*. Daher das Schwanken der Orthographien zwischen **mf** und **mpf**, **ms** und **mps**, **mt** und **mpt**[1], **ns** und **nts**, **ńç** und **ńk̀ç** u. s. w.; daher die Behauptung von Rapp (Phys. d. Spr. I, S. 129) in solchen Verbindungen

[1] Den hd. Stämmen kam das Lippenöffnen des M vor T so stark zum Bewusstsein, dass sie es mit dem alten P zu PF und dann zu F machten

schiebe sich immer die entsprechende Tenuis ein, und kein Mensch unterscheide G a n s und g a n z; daher bei Merkel (Anat. und Phys. 894) die Gleichstellung von A n g s t *(aŋst)* mit A n x t; daher die Angabe von Meyer und Hermann (s. oben S. 14) beim Flüstern seien *m, n, ŋ* den b, **d**, **g** (nach süddeutscher Weise d. h. *p, t, k)* beinahe oder ganz gleich. Weil man nicht zwischen **mf**, **ns**, **ńç** u. s. w. und **mpf**, **nts**, **ńkç** u. s. w. unterscheidet, finden manche Leute, dass die letztgenannten Verbindungen immer in die erstern übergehen, so z. B. Rumpelt (Syst. der Sprachlaute, 113); die ahd. Orthographie hat oft **mf** für **mpf**; die Engländer erklären ihr **ch** in **nch** für ein *š*, während es sonst immer *tš* ist; in den Veden steht ṅ für ṅ**k**, ṅ**g** vor Konsonanten. — In *sm, çn* u. s. w. ist die Lösung des faukalen Verschlusses nicht zu überhören, wenn man nur einigermassen die Aufmerksamkeit auf den Laut zu lenken versteht. — Sowohl die herkömmliche Theorie, welche die Schlaglaute z. B. in **ama** ganz unberücksichtigt lässt, als auch Beigel (zur Physiol. der deutsch. Sprachelemente, Erlangen 1867, S. 41), welcher in dem Oeffnen und Schliessen den eigentlichen Nasal findet, beide sind im Irrthum: in jener Verbindung ist der Nasenlaut von Schlaglauten begleitet, welche ihn von *n* und *ŋ* schärfer unterscheiden; aber in andern Fällen kann er ohne dieselben auftreten. — Ueber Hierhergehöriges s. Beitr. II, 562 f.

Begleitende Schlaglaute können auch entstehn, ohne dass ein vollständiger Verschluss nöthig ist.

Wenn wir *l* sprechen, so legen wir bloss die Spitze der Zunge gegen die Zähne, während die Seitenränder davon abstehn und den Schallwellen freien Durchzug lassen. Die Herstellung und Lösung dieses halben Verschlusses erzeugt alveolare Schlaglaute, deren letzter vor stimmlosen Reibelauten deutlicher hörbar wird; man beobachte z. B. die Verbindung *lç* (wie in J u l c h e n, M a l c h e n); deshalb vielleicht lässt das Altnordische **lz** für **ls** eintreten; deshalb vertheidigt Bürger H a l s : S a l z als reinen Reim; deshalb sagen Rapp (Phys. d. Spr. I, S. 129), Merkel (Anat. und Phys. 891) und Dr. Karl Hoffmann (die nhd. Rechtschreibung, Arnstadt 1875, S. 23; 81 f.) in **ls** schiebe sich ein **t** ein; deshalb schreiben

Ungebildete **lz**, **ltsch** für **ls**, **lsch** (wie auch Ganz, Mentsch für Gans, Mensch,; deshalb führt Roustan (grammaire allemande, Strassburg 1871) **lts** als Beispiel etymologischer Schreibung an: „On écrit t après le l de giltst quoiqu'il soit à peine sensible“, d. h. da **ls** schon einen Schlaglaut hören lässt, ist **lts** nicht davon zu unterscheiden. Beigel (zur Ph. d. d. Spr. S. 42) geht sogar so weit, in diesen begleitenden Schlaglauten das Wesentliche des *l* zu finden; ohne dieselben sei es wie *m* und *n* nur ein undeutliches Brummen!

Wird unmittelbar vor *l*, ohne Einschiebung einer Pause ein Laut gebildet, welcher den lateralen Verschluss erfordert, so muss dieser natürlich gelöst werden, sobald das *l* eintritt, wodurch ein laterales, öffnendes *t* entsteht. So klingt **īl**, **sl** ähnlich wie **īdl**, **stl**. Will man **kl**, **tl** sprechen, so entfernt man bloss einen seitlichen Zungenrand von den Zähnen (gewöhnlich den rechten), während der andere und die Spitze ihre verschlussbildende Lage beibehalten, so dass **kl** und **tl** ganz gleich klingen oder wenigstens kaum zu unterscheiden sind; die Einen meinen **tl** zu hören (so wird in den romanischen Mundarten Tirols oft **tl**, **dl** für lat. **kl**, **gl** geschrieben; Webster sagt glory, clear klinge wie dlory, tlear); die Andern halten es immer für **kl** (so die meisten Romanen; vgl. spätlat. veclus für vetulus, ital. vecchio; ahd. **sl** wurde oft als **skl** aufgefasst und demgemäss von den Romanen behandelt, vgl. ital. schiavo, schiatta für deutsch slave, slahta bei Diez I, S. 315).

Der akustische Unterschied zwischen ahd. **d** *und* **t**.

Zu den Lauten, welche einen theilweisen Verschluss nöthig machen oder doch leicht herbeiführen, so dass begleitende Schlaglaute eintreten, gehört auch der interdentale Reibelaut *þ*. Spricht man **aþa**, indem man die Zungenspitze kräftig gegen die Zähne schlagen lässt, so entsteht

a /t *þ* t/ *a*

Verstummt der Reibelaut, während die Zungenspitze gerade wie bei **aþa** einen theilweisen dentalen Verschluss herstellt und löst, so haben wir

a/t°t/a (in gewöhnlicher Orthographie **ata**).
Das *a/tþt/a* (welches, wenn nicht etwa *þ* gedehnt wird, keineswegs mehr Zeit erfordert als **ala**, **ana**, **asa** u. s. w.) kann leicht als **atþa** aufgefasst werden, obgleich diese Schreibung eigentlich nur für *a/t°t/þa* passt, welches nicht weniger Zeit zu seiner Bildung nöthig hat, als **apsa**, **aksa** u. s. w. Auch bezieht sich das t von **atþa** bei *a/tþt/a* auf das schliessende */t*, während es in *a/t°t/þa* vorzugsweise das öffnende */t* bezeichnen soll. Einige englische Grammatiker beschreiben das tönende englische th als *dδ* (genauer geschrieben *a/tdt/δa)*; es scheint aber *a/tδt/a* gemeint zu sein, welches übrigens in England oft oder immer durch *a/tdt/a* (**ada**) ersetzt wird.

Der interdentale Reibelaut ist überhaupt nur einer sehr geringen Stärkeentwicklung fähig (am kräftigsten können *s* und *ś* erzeugt werden, dann *f* und *x*, endlich *þ* und *ç)*. Dadurch werden die begleitenden Schlaglaute akustisch besser hervorgehoben; das ohnehin schwache *þ* kann hinter dem im Bewusstsein mehr hervortretenden */t* immer leiser werden und schliesslich schwinden (was hinter *t/* kaum möglich ist, ohne dass auch der Schlaglaut verstummt). Die übrig bleibenden Schlaglaute, welche Anfangs noch mit halbem, bald aber mit ganzem Verschluss gebildet werden mögen, sind natürlich zunächst sehr schwach; im Ahd., wo sich daneben kein Schlusslaut, wohl aber eine aus früherem d hervorgegangene Tenuis vorfand, welche im Gegensatz zu dem schwachen */tþt/* naturgemäss einen höhern Stärkegrad annahm, wurde das neue, leise *t* mit d bezeichnet; im Schwedischen, wo der alte Schlusslaut erhalten war, trat es in Gegensatz zu diesem und wurde mit t dargestellt; ebenso wurde es von den Romanen behandelt.

Zur Zeit, aus welcher unsere ältesten hd. Denkmäler stammen, mag das alte þ noch zwischen */tþt/* und */t°t/* geschwankt haben und wurde daher bald mit th, bald mit dh bald mit d bezeichnet; es wäre vergeblich das Stadium der Umwandlung näher bestimmen zu wollen. Jedenfalls kann daneben das alte tönende *d* nicht mehr vorhanden gewesen sein, sonst hätte dasselbe, weil offenbar „weicher“ als *t* = þ, diesem gegenüber auch später nach der Verschiebung als „d“ aufgefasst werden müssen.

Will man um einen Schlaglaut recht kräftig zu machen (wozu natürlich der Gegensatz eines schwachen führen muss), einen recht festen, gepressten Verschluss herstellen, so wird man leicht auch mehr Zeit als gewöhnlich aufwenden und das t wird gedehnt werden ($a^{/t}{}_{\delta}{}^{t/}a$); als Länge haben wir es heute im Schweizerischen. In wie naher Beziehung die Dehnung der Konsonanten, wenigstens der stimmlosen, zu der Verstärkung derselben steht, zeigt sich auch darin, dass die Araber und Hebräer die Länge der Mitlauter geradezu V e r s t ä r k u n g (Teschdīd, Dagesch) nennen; Thorodd (Snorra Edda, II, Kopenhagen 1852, S. 28; 30; 40) erblickt in den an. tt, pp, ss u. s. w., für welche er die Majuskeln T, P, S u. s. w. schreiben will, ebenfalls eine Verstärkung; in ähnlicher Weise sprechen die neuern Grammatiker von den mit Doppelbuchstaben bezeichneten Konsonanten des Italiänischen. Man beachte auch die hd. tt für altes þþ, und die auffallende Bevorzugung der pp, ck für alt bb, gg.

t ist im Gegensatz zu d schon früh gedehnt worden und zwar nicht bloss von den Schweizern. Ob die häufigen mhd. und nhd. nd, ld für nt, lt darauf beruhn, dass mitlautende Längen nach Mitlautern nicht beliebt sind (vgl. ahd. l e i t a für l e i t t a, h e l f a n für h e l f f a n u. s. w.), mag dahingestellt bleiben. Aber abgesehn von der früher sehr häufigen Verdopplung des Buchstaben t auch nach Mitlautern und langen Selbstlautern erscheint im Nhd. und im Elsässischen Dehnung der alten silbigen Kürzen nie vor folgenden einzelnen Konsonanten: 1. vor alt nn, ll, ss, gg u. s. w. 2. vor m = mb, η = ng, $š$ = sch, f = urd. p, s = urd. t, $ç$ und x = urd. k, 3. vor t = urdeutsch d. Niemals durch irgend eine Besonderheit des Klanges, sondern bloss durch prosodische Eigenschaften kann ein Laut auf einen andern einen prosodischen Einfluss ausüben; bewirkt ein Mitlauter die Verkürzung eines langen Selbstlauters oder verhindert er die Dehnung eines kurzen, so muss er lang sein. Ferner steht ehemalige Länge fest für die Fälle unter 1. und 2.; t hat im Nhd. gewöhnlich, im Elsässischen ausnahmslos dieselbe Wirkung, muss also auch gedehnt gewesen sein, als die Veränderung der alten Selbstlauterprosodie eintrat, d. h. gegen Ende des 13. Jahrhunderts.

Noch schärfer tritt der Einfluss des t im Elsässischen bei den alten ī, ū, ü hervor. Diese Selbstlauter werden nämlich vor gewissen Konsonanten immer gekürzt, vor gewissen andern immer lang gelassen; Kürzung tritt ein nicht nur vor *pf, ts, št, çt* und vor den ursprünglichen Längen *f* = urdeutsch p, *s* = t, *š* = sch, *ç* = urd. k, *p* = bb, sondern auch vor *t* = urdeutsch d; hingegen bleibt die Länge der alten ī, ū, ü vor jedem andern einzelnen Mitlauter, welcher nicht bloss jetzt, sondern auch früher kurz war, z. B. vor *f* = urd. f und romanisch v, b, *s* = s, *p* = b, *t* = þ; obgleich das Elsässische, gleich den meisten süd- und mitteldeutschen Mundarten, heute nicht den mindesten Unterschied zwischen d und t macht, hält es z. B. weit, weiten und Weide, Weiden streng auseinander dadurch, dass dieses *wít, wítə*, jenes *wit, witə* ist (andere Beispiele wird meine Grammatik der Strassburger Mundart bieten). Die Abneigung langen Selbstlauter 'und langen Mitlauter nebeneinander zu dulden zeigt sich schon in den ahd. Denkmälern, nur verkürzen sie nicht den erstern, sondern den letztern (ginôta, slâfan, begrîfan statt ginôtta, slâffan, begrîffan); man vergleiche auch nhd. *mýsə, mùtər, blatər, wapən* u. s. w. mit schwz. *mýəšl, múətər, plâtərə, wâpə* u. s. w. — So hat die im Nhd. und in den meisten Mundarten seit fünf Jahrhunderten völlig aufgegebene Länge der Mitlauter in ihrer Einwirkung auf die kurzen und langen Selbstlauter eine unverkennbare Spur hinterlassen.

Hat das Nhd. Schlusslaute?

In Süd- und Mitteldeutschland, wo das ursprünglich tönende w noch jetzt Stimmlaut ist und wo das ursprünglich stimmlose s noch heute nicht tönend geworden, sind die Schlusslaute, deren Anwendung dort meistens für eine „unerträgliche Ziererei“ gilt (vgl. R. von Raumer, ges. Schriften S. 454), gewöhnlich auch den Gebildeten beim Neuhochdeutschsprechen fremd, so dass die nhd. p, t, k, welche im Anlaut als Aspiraten (oder Affrikaten) streng von den Tenues b, d, g geschieden bleiben, im Inlaut mit diesen völlig zusammen fallen.

Hingegen die Niederdeutschen, welche das Nhd. durch den Schriftverkehr und durch die Bücher überkommen haben und die b, d, g der nhd. Orthographie natürlich ebenso lesen wie ihre eigenen, lassen im Nhd. Schlusslaute hören. Wie das tönende s, so dringen auch die Medien auf süd- und mitteldeutschem Gebiet von Jahrzehnt zu Jahrzehnt immer mehr in die Sprache der Gebildeten ein, da der mündliche Verkehr zwischen Nord und Süd sich fortwährend steigert und da man auch beginnt auf die Lautlehre des Englischen und Französischen etwas mehr Sorgfalt zu verwenden als früher. Es ist leicht möglich, dass sich in einem halben Jahrhundert die rückläufige Bewegung vollzogen haben und sogar auf die hd. Volksmundarten ausdehnen wird, eine tiefgehende Einwirkung des Niederdeutschen, welche man für hochwichtig erklären würde, wenn sie in der Orthographie zum Ausdruck käme, welche man aber einstweilen kaum der Beachtung werth halten wird.

Obgleich auf diese Weise das Hd. wieder in den Besitz von Lauten gelangt, welche ihm ursprünglich eigenthümlich waren, so ist nicht zu übersehn, dass in Folge der missgedeuteten und unbeholfenen Orthographie seltsame Missverhältnisse eingetreten sind.

Zunächst sind die Schlusslaute gerade in einem Fall, welcher gewöhnlich einen ältern Lautstand schützt, nämlich da, wo sie früher gedehnt waren (bb, gg), verstummt, während sie sonst erhalten blieben.

Dann ist eine Reihe von Fremdwörtern, deren Tenues von den hd. Schreibern missbräuchlich mit b, d, g bezeichnet wurden, zu Medien gekommen, ohne dass weder in den romanischen noch in den deutschen Lautverhältnissen die mindeste Berechtigung dazu vorläge.

Ferner sehn wir den urdeutschen Schlusslaut d nicht bloss in seiner Verschiebung beharren, sondern im Anlaut sogar in die Aspirata übergehn, während die alten b, g wieder hergestellt werden, bloss desshalb, weil es den hd.

Schreibern beliebt hat, die labialen und palatalen Tenues durch **b** und **g** darzustellen.

Endlich tritt nach dem entschieden vorwiegenden Sprachgebrauch für urdeutsch **f** und **h** nur in wenigen Fällen des Inlautes ein tönender Laut ein, während altes **þ** in der Gesammtheit seines Vorkommens, also auch im Anlaut, zu tönendem *d* wird. Dieser Uebelstand macht sich noch empfindlicher fühlbar, wenn man das Loos des alten **d** vergleicht: das aus **þ** entstandene *t* geht in *d* über, während das urdeutsche *d* durch *t* und *th* verdrängt wird!

Diese etymologischen Missverhältnisse, welche lediglich auf dem Einfluss einer schlechten Orthographie beruhn, können wir bedauern, aber nicht ändern, denn die Masse des Volkes und nicht die kleine Zahl der Grammatiker setzt den Sprachgebrauch fest.

Rückblick.

Die germanische und die hd. Verschiebung haben das Gemeinsame, dass das Streben nach Erleichterung die Schlusslaute zu Tenues gemacht, hat, wodurch dann die alten Tenues zur Aspiration und Affrikation getrieben wurden. Ausser diesem Vorgang fand beide Male noch ein andrer, davon ganz unabhängiger statt: der ersten Verschiebung ging die Ausstossung des **h** vorher; auf die zweite folgte der Uebergang des *þ* in *t*. Dieses Vorher und Nachher ist für den ganzen Lautstand sehr wichtig. Wären die indogermanischen Schlusslaute verstummt, als das **h** noch lebte, so hätten wir wie *p, t k* für alt *b, d, g,* so auch *ph, th, kx* für alt *bh, dh, gx* bekommen; im Gegensatz zu den verhärteten Aspiraten wären wohl die alten und neuen *p, t, k* nicht auseinander gehalten worden;

statt der wirklich eingetretenen **b, d, g, p, t, k, f, þ, h**
hätten wir im Germanischen **f, þ, h, p, t, k, p, t, k**
und bei diesem Lautstande wäre es auch in Hochdeutschland geblieben.

Wäre der Uebergang von *þ* in *t* vor dem Verstummen der urdeutschen Schlusslaute erfolgt, so wären die neuen *t* entweder mit den alten zusammengefallen und später mit diesen zu *ts* verschoben worden (statt der jetzigen hd. d, t, z hätten wir also z, t, z); oder sie hätten die Verschiebung der alten t veranlasst und die spätern *t* = alt d hätten die Rolle von „d“ im Gegensatz zu t = alt þ übernommen (statt unserer d, t, z also t, d, z); oder das sehr schwache *t* wäre im Volksbewusstsein mit *d* verschwommen und zu *d* geworden (statt unserer d, t, z also t, t, z).

In der folgenden Tabelle mögen ƀ, đ, ʒ alle Arten von Mundlauten vertreten, welche sich für *b, d, g* einstellen können. Ferner bemerke ich, dass man die Zeit, wo *b̆, d̆, ǵ* verkürzt wurden, auch etwas später ansetzen kann, und dass ich in den ältern Perioden nicht zwischen *x* und *x̂* unterscheide: o bedeutet Schwund des betreffenden Lautes.

	An-	In-	An-	In-	An-	In-
	laut		laut		laut	
Indogermanisch	*bh*		*dh*		*gx*	
Slawodeutsch	*b̓*		*ď*		*ġ*	
Urdeutsch 1. Periode	*b̓*		*ď*		*ġ*	
2. Periode	*b*		*d*		*g*	
	b	*b*, 𝔟	*d*	*d*, 𝔡	*g*	*g*, 𝔷
Hochdeutsch	*p*	*p*, 𝔟	*t*	*t*, 𝔡	*k*	*k*, 𝔷
Aelteste hd. Denkm.	*p*	*p*, 𝔟	*t*	*t*, 𝔡	*k*	*k*, 𝔷
Heutiges Schweizerisch	*p*		*t*		*k*	
Strassburgerisch	*p*	*w*, *p*	*t*		*k*	*u*, *y*, *i*, *k*
Neuhochdeutsch	*b*		*th*, *tç*	*t*	*g*	

An-	In-	An-	In-	An-	In-	An-	In-	An-	In-	An-	In-
laut		laut		laut		laut		laut		laut	
b		*d*		*g*		*ṗ*		*ṫ*		*k̇*	
b		*d*		*g*		*ṗ*		*ṫ*		*k̇*	
p		*t*		*k*		*ṗ*		*ṫ*		*k̇*	
						ph		*th*		*kx*	
						pf		*tþ*		*kx*	
ṗ		*ṫ*		*k̇*							
						pf	*f*	*tþ*	*þ*	*kx*	*x*
						f	*f, ƀ, b*	*þ*	*þ, đ, d*	*x*	*x; ʒ, g*
ṗ		*ṫ*		*k̇*							
ph		*th*		*kx*		*f*	*f, ƀ, p*	*þ*	*þ, đ, t*	*x*	*x; ʒ, k*
pf		*ts*		*kx*							
pf	*f́, pf*	*ts*	*ś, ts*	*kx*	*ẋ, kx*	*f*	*f, ƀ, p*	*þ*	*þ, đ, ṫ*	*x, ? h*	*x; ʒ, k*
ṕf	*f́, ṕf*	*t́s*	*ś, t́s*	*x̂*	*x̌, ǩx̂*	*f*	*f, p*	*t*	*t, t*	*h,* vor Mitlautern o	o, *x̂; k*
pf	*ḟ, pf*	*ts*	*s, ts*	*kx, kç,* vor Mitlautern *k*	*x, ç, k*	*f*	*f, w*	*t*		*h,* vor Mitlautern o	o, *x, ç; u, y, i, k*
pf	*f, pf*	*ts*	*s, ts*	*kx, kç* *kḷ, kṛ*	*x, ç, k*	*f*	*f, b*	*d*	*d, t*	*h,* vor Mitlautern o	o, *x, ç; g*

ANHANG I.

VOKALISCHE MITLAUTER UND KONSONANTISCHE SELBSTLAUTER.

In allen Schriften, welche sich über die grammatischen Grundbegriffe äussern, findet man hierüber meist dieselben Angaben, oft in wörtlicher Uebereinstimmung, so dass man glauben sollte es seien unantastbare Ergebnisse der Sprachwissenschaft. Leider zeigt es sich, dass manche Sätze, welche sich in jeder Fibel finden, welche jedem Kinde eingeprägt werden, welche auch den Philologen und Sprachforschern als Axiome gelten und die Grundlage zu weitgehenden Schlüssen abgeben, sehr ungenügend, verworren und unklar oder geradezu falsch sind.

Wie oft wird gesagt: ein Laut ist das kleinste Element der Sprache; ein Vokal mit oder ohne Konsonant bildet eine Silbe; eine Silbe oder mehrere ein Wort; ein Wort oder mehrere einen Satz; mehrere Sätze ein Satzgefüge. — Man vermischt zwei vollständig gesonderte Reihen,

eine logische:	Wort,	Satz,	Satzgefüge;
eine phonetische:	Laut,	Silbe,	Silbengefüge;

ob ein Laut oder eine Lautverbindung ein Wort oder ein Satz ist, darf einzig und allein nur nach der Bedeutung bestimmt werden; ob hingegen ein Laut eine Silbe bildet oder nicht, ob eine Lautverbindung als ein- oder als mehrsilbig zu betrachten ist, hängt bloss von gewissen akustischen Eigenschaften ab.

Die Lehre vom Wort ist sehr mangelhaft. Wann liegt ein zusammengesetztes Wort und wann eine Folge mehrerer Wörter vor? Auf welche Verschiedenheit der Bedeutung gründet sich die Unterscheidung „eine Menschenhand“ und „eines Menschen Hand“? Wann haben wir ein Wort für sich und wann ein blosses Suffix? Wann ist ein Wort Substantiv und wann nicht? Diesen und andern Fragen stellen wir meistens die herkömmliche Satzung entgegen; dieselbe gibt aber wohl das an, wofür eine Lautverbindung *gehalten wurde* und *wird*, nicht immer aber was sie in Wirklichkeit ist; wissenschaftliche Prinzipien sind unentbehrlich, auch wenn die Schulmeinung nicht schwankt.

Jeder Versuch als Lückenbüsser für die ungenügend untersuchten *logischen* Merkmale des Wortes *phonetische* aufstellen zu wollen, muss mit Entschiedenheit zurückgewiesen werden. — Wenn wir, entgegen dem Gebrauche vieler andren Völker, beim Schreiben das Satzbild in einzelne Wortbilder zertrennen, so ist dies *akustisch* nicht im mindesten begründet; jedes Wort hängt mit einem unmittelbar vorhergehenden oder folgenden, mit welchem es *logisch* in enger Verbindung steht, ebenso innig zusammen wie die einzelnen Silben eines Wortes und wie die einzelnen Laute einer Silbe. Die kurzen Pausen oder die sonstigen äusserlichen Kennzeichen, auf welche man die Wortbildtrennung gründen will, existiren gar nicht, was schon von Andern ausdrücklich anerkannt worden ist. — Ebenso wenig lässt sich die „Betonung“ als Merkmal der Worteinheit verwenden; in der Zusammensetzung „*Rathgeber*“ verhält sich *Rath* zu *geber* gerade so, wie sich in „*ich will dir einen Rath geben*“ *Rath* zu *geben* verhält; dieses *Rath geben* gilt aber nicht für ein zusammengesetztes Wort. — Nicht minder falsch ist die Behauptung, jedes Wort müsse mindestens aus *einer* Silbe bestehn; wie man sich drehn und wenden mag, so muss man zugeben, dass z. B. in dem französischen Satz: *ty n l a ply* (tu ne l'as plus) die Begriffe *nicht* und *ihn* bloss durch die Konsonanten *n* und *l* ausgedrückt werden, welche hier keine Silbe bilden.

Ist schon die Lehre vom Wort mangelhaft, so steht es

noch schlimmer mit der Silbentheorie. Wir sind zwar nicht so oft wie die Romanen im Zweifel, ob wir eine Lautverbindung ein- oder zweisilbig sprechen; aber was den Unterschied akustisch begründet, darüber herrscht tiefes Dunkel; wenn Rumpelt (dtsche Gramm. Berlin 1860, S. 53) zwischen jeder Silbe einen „spiritus lenis“ annimmt, so ist dies ein zwar wohlgemeinter aber gänzlich verfehlter Versuch; von irgend einem Absetzen kann keine Rede sein.

Falsch ist auch die gewöhnliche Behauptung, jede Silbe müsse einen Vokal enthalten. Vögelchen, Büchelchen, Schlüsselchen, rechneten u. s. w. werden gewöhnlich *fǒglçn, býçlçn, šlỳslçn, räçnqn* (über *q* s. Kuhns Ztschr. XXI, S. 62) gesprochen; niemand bezweifelt die Dreisilbigkeit dieser Wörter; gleichwohl enthalten die vorletzten und letzten Silben derselben keinen Vokal, wenn auch Viele die so sprechen, ein *ə* vor *l* und *n* zu vernehmen glauben. Die Sache wird durch Walker, Schmeller, Brücke, Purkinje, Thausing, Rumpelt, Schleicher u. A. bezeugt, so dass wir uns dabei nicht weiter aufzuhalten brauchen. Wenn Einige statt Rhythmus, Organismus, Idealismus u. s. w. Rhythm, Organism, Idealism u. s. w. schreiben, so ist zu bemerken, dass wie Rechenheft, Zeichenlehrer für Rechnheft, Zeichnlehrer nach den Gesetzen der nhd. Orthographie nur Rhythem, Organissem, Idealissem zulässig ist, was schon Rapp (Phys d. Spr. II, 1839, S. 267) hervorgehoben hat. Wenn Dr. Wiese (Verordn. und Gesetze für die höhern Schulen in Preussen, II, Berlin 1868, S. 99 ff., 118 f.) sich Wortbilder wie Rechnlehrer, Zeichnunterricht, Zeichnlehrer gestattet, während er sonst am herkömmlichen Schreibgebrauch festhält, so ist dies eines der vielen Beweise dafür, dass es selbst unter den Schulmännern an einer genügenden Kenntniss der Grundgesetze fehlt, auf welchen unsere Rechtschreibung beruht. — Das Sanskrit hatte silbenbildende l und r auch in der Tonsilbe als Längen und als Kürzen; in slawischen Sprachen findet man ebendasselbe noch heute.

Wie es Silben ohne Vokal gibt, so kommen auch Vokale vor, welche keine Silbe für sich bilden. Das i in den deutschen Wörtern Spani͡en, Regi͡on, Nati͡on, Jung, ja, Major, Mai, mein, sei u. s. w., und in den französischen bi͡en, ri͡en, nati͡on, hi͡er, yeux, ayez, soyez u. s. w. ist durchaus derselbe Laut wie in Bibel, Igel, viel, Ministerium u. s. w., île, cire, divisibilité u. s. w. Ebenso ist das u im deutschen Janu͡ar (nicht Janwar), Jagu͡ar, Aue, Auge u. s. w., im Französischen oie (franz. oi ist jetzt ua, nicht mehr oa, s. Kuhns Ztschr. XXI, S. 444), mois, quoi, aquatique, équateur u. s. w., im Italiänischen quale, quota, qui, aura, reuma u. s. w., im Englischen way, week, cow, count, quick, quarter u. s. w. physiologisch nichts Anderes als in Jugend, Ruhe, Dublone u. s. w. Nicht minder hat das ü im deutschen Eule, täuschen u. s. w. und im französischen huile, fuyons, conduire, écuyer, équestre, questeur, quinquennal u. s. w. denselben Klang wie dasjenige in über, fügen, müde, Büreaukrat u. s. w., sûr, futile, humide u. s. w. Der Unterschied besteht einzig darin, dass die Vokale i, u, ü in den an zweiter Stelle erwähnten Fällen die Silbe bilden, wie *l* und *n* in *fö̊gl̦n,* während sie in den andern bloss als untergeordnete Begleiter auftreten und die Rolle übernehmen, welche gewöhnlich nur die Konsonanten spielen, wie z. B. *l* und *n* in Nil, Lina. Wenn man dieses höchst einfache Verhältniss bisher verkannt hat, so liegt die Ursache darin, dass in den Ausdrücken Vokal und Konsonant zwei Begriffsreihen in unleidlicher Weise mit einander verschwimmen.

„Vokale“ (vocales, *φωνήεντα)* sollen diejenigen Laute sein, welche mit Hülfe der tönenden Stimme (vox, *φωνή*) gebildet werden; es ist also eine auf die physiologische Beschaffenheit, auf die Art der Erzeugung gegründete Benennung, wie auch die andere „Halbvokal“ (semivocalis, *ἡμίφωνον* = halb tönend). Demnach müsste für die Nichtvokale, für die Laute, welche man mit Recht oder Unrecht nicht zu den tönenden zählte, ebenfalls ein Ausdruck gewählt werden, welcher an ein allen gemeinsames physiologisches Merkmal erinnert.

„Konsonant“ (*σύμφωνον*) bezieht sich nicht auf die Natur

der Laute, sondern auf die Art, wie dieselben in der Sprache verwendet werden, beruht also auf einem ganz andern Eintheilungsgrund als „Vokal“. Man gab diesen Namen den betreffenden Klängen, weil sie im Griechischen nicht für sich allein zur Bildung einer Silbe gebraucht werden, sondern in einer solchen immer nur als Begleiter anderer Laute auftreten. Dieselbe Neigung, die Rolle, welche der Laut in der Sprache spielt, mehr als dessen Wesen zu beachten, zeigt sich später auch bei den Römern; Charisius begnügt sich zwar zu sagen: **f** littera si praeposita fuerit liqvidae qvamvis semivocalis sit, *mutae* tamen *optinet locum*, Priscian aber wirft das **f** ohne weiteres mit den mutae zusammen.

Durch diese Verwirrung ist sowohl *φωνῆεν* als *σύμφωνον* zu einer doppelten Bedeutung gekommen: *φωνῆεν* bezeichnet nicht bloss *tönende Laute*, *Stimmlaute* (mit ungerechtfertigtem Ausschluss von **l**, **m**, **n** u. s. w.), sondern auch *silbenbildende*, *silbige*, *selbstlautende*; *σύμφωνον* nicht bloss *mitlautende*, *unsilbige*, sondern auch alle die nicht mit den Buchstaben **a**, **e**, **i** u. s. w. geschrieben werden, obgleich sich ursprünglich das *φωνεῖν* in *φωνήεντα* auf das Schwingen der Stimmbänder, in *σύμφωνα* aber auf den Schall im Allgemeinen bezieht. Dieser Doppelsinn ist um so unangenehmer, da man sich desselben nicht klar bewusst wurde und häufig dasselbe Wort in *einem* Satze bald mit der einen, bald mit der andern Bedeutung braucht.

Obgleich der physiologische Unterschied zwischen *a*, *ä*, *e*, *i* u. s. w. und den ihnen nah verwandten *w*, *l* u. s. w. gering ist, so können wir doch einen zusammenfassenden Namen für die erstern nicht entbehren; da es schwer fällt einen solchen zu finden, welcher deren physiologische Eigenschaften kurz und doch scharf bezeichnet, bleibt nichts übrig, als sich an den herkömmlichen „Vokal“ zu halten und zwar, wie bei „Silbe“ (*συλλαβή* = Zusammenfassung) und wie bei „Philosophie“ (= Weisheitsliebe), ohne Rücksicht auf die ursprüngliche Bedeutung. Der Begriff „Vokal“ ist also streng zu sondern sowohl von „Selbstlauter, silbenbildender, silbiger Laut“, als auch von „Stimmlaut, tönender Laut“.

Die herkömmliche Begriffsverwirrung hat dazu geführt

einerseits die nebelhafte Diphthongentheorie aufzustellen, andrerseits einem und demselben Laut bald diese, bald jene physiologischen Eigenschaften zuzuschreiben, als ob z. B. in Tragbahre, Schilling der Selbstlauter der ersten Silbe, deshalb weil er stärker gesprochen wird als derjenige der zweiten, auch einen andern Klang hätte.

Der um die Sprachphysiologie hochverdiente Brücke hat sich leider durch dieses Herkommen beirren lassen. Er verwechselt Mitlauter und Konsonant, indem er unser j unter die Konsonanten stellt und daneben seltsamerweise eine Verschmelzung von j und ĭ annimmt, welche nichts Anderes sein kann als ein Zusammenklingen von *ç* (dem antepalatalen Reibelaut) und *i*; von mitlautenden Vokalen weiss er nichts. Ferner behält er die Diphthongentheorie bei, obgleich er deren Unzulänglichkeit fühlt und durch die meiner Ansicht nach verfehlte Annahme Abhülfe sucht, Diphthong sei jeder Laut, welcher durch die Resonanz der Stimme entstehe, während man mit näherungsweise gleichförmiger Geschwindigkeit aus einer Vokalstellung in eine andere übergeht. Gegen diese Auffassung des berühmten Physiologen erlaube ich mir folgende Bedenken geltend zu machen.

1. Legen wir den Finger auf die Zunge und vergleichen die Bewegungen in ăi, ăl, ăç (ç = ch in ich), ăs, ăiĭiĭ, ălălăl u. s. w., so finden wir, dass in all diesen Lautgruppen die Zunge sich gleich schnell hebt oder senkt und gleich lang in den Ruhelagen verharrt.

2. Man hört in a͡u, a͡i zwischen ă und u oder i ebenso wenig eine Uebergangsreihe von Lauten wie zwischen ă und irgend einem folgenden Konsonanten, z. B. das u in Auge und das ĭ in eigen spielen genau dieselbe Rolle wie das l in Alge. Ebenso verhält es sich mit den andern sog. echten Diphthongen. Man lasse sich nicht dadurch beirren, dass häufig der erste Laut eines jeden in der herkömmlichen Orthographie eine ganz ungewöhnliche Bezeichnung gefunden hat und in andern Verbindungen als mit einem folgenden unsilbigen Vokal der Sprache fremd ist; mag seine Färbung sein welche sie wolle, während seiner ganzen Dauer bleibt sie unverändert.

3. Wenn die Organe auf einen viele Stufen durchlaufenden Uebergang von einer Klangfärbung in eine andere eingeübt wären, so müssten wir denselben beliebig beschleunigen oder verlangsamen können; aber ein langsames stätiges Dunklerwerden von a zu u, oder Hellerwerden von a zu i ist uns so gut wie unmöglich. Ueberall wo ein Diphthong gedehnt werden soll, längen wir entweder den ersten oder den zweiten Bestandtheil und haben dabei Gelegenheit, die Klangfarbe beider genauer zu beobachten. Wenn wir z. B. a͡i auf einer lang ausgehaltenen Note singen, lassen wir zuerst ein sehr gedehntes a von mehr oder weniger hellem, aber während seiner ganzen Dauer vollkommen gleich bleibendem Klange hören, an welches sich ein kurz nachgeschlagenes i anschliesst. Wenn wir taktmässig sprechen mit strenger Vermeidung aller Pausen innerhalb der Wörter, und eine Silbe auf einen Takttheil fällt, dessen Zeitwerth ihre gewöhnliche Dauer merklich übersteigt, so verfahren wir folgendermassen. Ist der Selbstlauter in der gewöhnlichen Rede lang, so wird er wie beim Singen so gedehnt, dass er den Takttheil beinahe ganz ausfüllt, und der Mitlauter wird kurz nachgeschlagen; ist er aber kurz, so behält er seine gewöhnliche Dauer und der Mitlauter wird so lange ausgehalten, als nöthig ist, damit die Silbe das vom Rhythmus geforderte Zeitmass erreiche; z. B. alle Menschen schliefen feste ist, wenn wir in langsamem $^2/_4$-Takte ohne Absetzen recitiren (dreifache Schreibung eines Zeichens bedeute hier die Dehnung des entsprechenden Lautes):

ȧllləmmm|ännnschənnnschl iiifənnnf ässstə

Dass die Mitlauter nach kurzem Selbstlauter diese Behandlung erfahren, wenn die Silbe beim Sprechen eine längere Dauer erhalten soll, bestätigen ausdrücklich R. von Raumer (ges. sprchw. Schriften 1863, S. 172), Merkel (An. und Phys. des menschl. Stimm- und Sprachorgans, 1857, S. 923), Brücke (die phys. Grundlagen der nhd. Verskunst, 1871, S. 25; 39 f.), E. Kuntze (Jahns Jahrbücher für Philologie, 1872, 2. Abth. S. 529; 531). Soll nun z. B. a͡i beim Recitiren gedehnt werden, so wird a wie auch sonst kurz gesprochen, hingegen das in gewöhnlicher Rede kurze i gedehnt, ohne dass ai für das Ohr zweisilbig würde; ebenso wird bei a͡u verfahren; z. B. allen Auen wird ăllllənnnăuuuuən. Damit ganz übereinstimmend sagen Toussaint und Langenscheidt (engl. Unterrichtsbriefe, 18. Auflage, S. 7): „Sprechen wir z. B. den Diphthongen au aus und ziehen denselben ganz lang, so wird jemand der in das Zimmer tritt, nachdem wir den Laut schon eine Weile gehalten haben, glauben den Laut ū zu hören, weil er von dem Vorschlage ă nichts vernommen hat".

4. Wenn wir beim Sprechen plötzlich mitten in einem Diphthongen unterbrochen werden, so hören wir deutlich irgend einen einlautigen Vokalklang, während doch nach Brückes Theorie z. B. statt eines beabsichtigten a͡ı in diesem Fall etwas wie a͡ä oder a͡e herauskommen müsste.

Aus diesen Gründen muss ich die Diphthongentheorie Brückes entschieden verwerfen, um so mehr da er nicht die mindeste physiologische oder akustische Begründung dafür beigebracht hat.

An sich nicht unrichtig ist die herkömmliche Erklärung, ein Doppellauter sei eine Verbindung von zwei deutlich nebeneinander hörbaren Vokalen, welche zusammen nur eine Silbe bilden.

Aber zunächst ist die Willkür verwerflich, mit welcher die Theorie a͡ı, o͡ı, a͡u, u. s. w. ganz anders behandelt, als ı͡a, ı͡o, u͡a u. s. w., wie wenn man das ı in aı anders auffassen wollte als in ıa. Noch launenhafter ist es, dass eine und dieselbe Vokalverbindung, wie z. B. a͡ı, bald für einen Doppellauter ausgegeben wird, bald nicht. In Droysen, Hoyer, Boitzenburg soll das oi „Diphthong" sein, nicht aber in Bojar, Samojede, Trojaner; die oj und aj in unserm Troja, Ajax sind angeblich etwas Anderes, als die altgriechischen ῳ und ᾳ; der Franzose spricht ma-nière, monta-gnard, ve-niez, me-nuisi̯er, ma-noir u. s. w., d'yeux, d'hier, l'huile, l'oie, les‿oiseaux u. s. w. und nicht man-ière (d. h. *mą̣i̯är*), montan-iard, ven-iez, men-uisier, man-oir u. s. w., de‖yeux, de‖hier, la‖huile, la‖oie, les‖oiseaux u. s. w., während der

Engländer ganz richtig a year, a use, a one, a wind etc. gebraucht und nicht an year, an use, an one, an wind.

Für die ungleiche Behandlung von ⁀ wird sich wohl kein Vertheidiger finden; wenn man aber glaubt, die Unterscheidung zwischen oi und oj sei gerechtfertigt dadurch, dass z. B. in Boitzenburg das i zum vorhergehenden Selbstlauter, hingegen in Bojar zum folgenden gehöre, so ist zu bemerken, dass die ganze Lehre von der Silbentrennung jeder naturwissenschaftlichen Grundlage entbehrt, indem es keinerlei akustische oder physiologische Merkmale gibt, an welchen man einen Anhaltspunkt fände um zu bestimmen, ob ein zwischen zwei Mitlautern stehender Selbstlauter enger mit dem ersten oder mit dem zweiten verbunden sei. Schon die starke Verschiedenheit der Grundsätze, nach welchen die einzelnen Völker, z. B. Inder, Altgriechen, Isländer, Deutsche u. s. w., ihre Silben abtheilen, sollte Bedenken gegen die angebliche phonetische Grundlage erregen. In Wahrheit klingt eine Verbindung wie z. B. *aspsksa* immer vollkommen gleich, mag sie nach der Theorie in *a-spsksa,* oder in *as-psksa,* oder in *asp-sksa,* oder in *asps-ksa* zerfällt werden, und jeder Laut hängt mit dem folgenden ebenso eng zusammen, wie mit dem vorhergehenden, was unabhängig von mir auch Humperdinck (Siegburger Herbstprogramm 1874, S. 6) bemerkt hat; wenn man nicht absichtlich eine Pause einschiebt, so ist eine solche, mag sie noch so flüchtig angenommen werden, im Innern der Verbindung gar nicht vorhanden. Unsere herkömmliche Silbentheilung beruht bloss auf dem Grundsatz, dass beim Syllabiren, d. h. beim getrennten Aussprechen jeder Silbe für sich allein, im Anlaut ungewöhnliche und daher für den Ungeübten schwer sprechbare Mitlauterfolgen vermieden werden sollen.

Man lasse sich auch nicht dadurch beirren, dass der Sprachgebrauch den Selbstlauterzeichen oft verschiedene Klänge gibt, so dass wir, wenigstens in Norddeutschland, z. B. das o in Bojar u. s. w. dunkler sprechen als in Droysen u. s. w.; dies kann an der Rolle, welche der mitlautende Vokal spielt, nichts ändern.

Die gerügten Verkehrtheiten sind schon von Andern vermieden worden.

J. Wolf (über die Natur der Vokale im siebenbürgisch-sächsischen Dialekt, Hermanstadt 1875, S. 63 ff.; ich zitire nach Zarnckes Centralblatt 1875, Spalte 1613) setzt die Diphthonge **ai**, **au** = **aj**, **aw**; dass er diese j und **w** „Halbkonsonanten" nennt, ist freilich verkehrt; aber wenn der Recensent im Centralblatt meint, diese Ansicht über die Diphthonge werde „schwerlich Anhänger finden und jedenfalls nicht die Brücke-Rumpeltsche verdrängen", so wäre es doch seine Pflicht gewesen uns zu verrathen, worin denn der Unterschied besteht zwischen dem sog. Doppellauter ai und dem aj mit einem nach deutscher Weise gesprochenen j. Die übliche Redensart: „j wird vokalisirt" beurkundet, wenn sie sich z. B. auf den Wechsel zwischen **aj** und einsilbigem **ai** bezieht, eine klägliche Abhängigkeit von der Orthographie.

Humperdinck (Siegburger Programm von 1869, S. 21, und von 1874, S. 41) setzt ebenfalls **ai**, **au** = **aj**, **aw** (**w** = engl. **w**) und sieht keinen Unterschied zwischen den sog. Doppellautern und Verbindungen wie **al**, **ar**, **or**.

Wimmer (altnord. Gramm. übers. v. Sievers, Halle 1871, § 5, Absatz 7) setzt das englische **w** und das altisländische **v** dem deutschen **u** in **au** gleich.

Auch F. H. Du Bois-Reymond (Kadmus, Berlin 1862) lässt die **i**, **u** in **ai**, **ou** u. s. w. eine ähnliche Rolle wie j und **w** spielen, wenn ich mich recht erinnere (das Buch ist auf den mir jetzt zugänglichen Bibliotheken nicht vorhanden).

Die Slawen sehen in ihren **oi**, **ai**, **ei**, **ui** u. s. w. nichts Anderes als **oj**, **aj**, **ej**, **uj** u. s. w.

In der englischen Orthographie werden die mitlautenden *i* und *u* der sog. Diphthonge **oi** und **ou** oft ganz richtig mit **y** (dem englischen Buchstaben für j) und **w** bezeichnet; das Ormulum schreibt diese **w**, wie alle Mitlauterzeichen, nach kurzen Selbstlautern doppelt (z. B. trowwþe, Sannt Awwstin, fowwre, þeowwess u. s. w.).

Der Isländer Thorodd sagt (Snorra Edda, Kopenhagen 1852, II, 24): „Aber es ist gut zu wissen, dass, wie oben bemerkt ist, jeder Vokal in jedem Worte so lautet, wie er im Alphabet heisst, ausser wenn er seine Natur ablegt und eher Konsonant als Vokal heissen mag [d. h. wenn ein Vokal mitlautend ist]. Das geschieht, wenn er mit einem andern Vokal verbunden wird wie in folgenden Beispielen: austr, eárn, eir, iúr, eyrir, uín". — Also die u, i, y in den „Doppellautern" au, ei, ey fasst er nicht anders auf als die v und j (er schreibt natürlich immer u und i) in vín, júr (seltsam ist Holtzmanns Missverständniss, Altd. Gramm. I, 1. S. 100 und 126).

Notker, welcher in starken Silben den kurzen Selbstlautern einen Akut, den langen einen Zirkumflex beigibt (z. B. érda, hímel, uuóla, skînet, zît u. s. w.), schreibt éi, íu, óu (z. B. téil, gebíutest, óuga u. s. w.), behandelt also ei, iu, ou gerade wie er, im, ol, während man in nhd. Wörterbüchern die sinnlosen Schreibungen traúen, eúer, Geíer u. s. w. findet; vergleicht man Notkers dríu, suíger, méinen, iúngêr miteinander, so sieht man, dass ihm das u in dríu und das i in méinen dieselben Geltungen haben, wie das w in suíger und das j in iúngêr.

Die Angelsachsen verwenden ihr ƿ (= w), dessen Werth als mitlautender Vokal schon durch das heutige Englisch gesichert ist, zur Darstellung der „Doppellauter" au und iu (z. B. caƿl, slaƿ, hiƿ u. s. w.).

Beda Venerabilis (de metrica ratione, bei Putsch, Sp. 2350) sagt, das u in aurum vertrete die Stelle eines Konsonanten [d. h. sei Mitlauter] wie in uultus; dass er *wr* (wie z. B. im französischen avril) gesprochen habe, ist ganz unerweislich.

Die Gothen geben die lateinischen und griechischen au und die griechischen eu durch av, ev (z. B. in kavtsjo, Pavlus, Esav, aivxaristia, aivaggeljo u. s. w.); den Laut *w* hätten sie, wie in naubaimbair, silbanus, mit b bezeichnet, wenn derselbe in jenen Wörtern vorgekommen wäre; und dass hier das gothische Y (= v) wie in Tyra, Lystra, Hymainaius, Akyla (Akvila hat

Castiglione falsch gelesen) u. s. w., blosse Nachmalerei des griechischen Y-Zeichens sei, ist nicht anzunehmen [1].

Die altoskische Orthographie verwendet ihr ꟼ-Zeichen regelmässig für das mitlautende u des „Diphthongs" (ꝟꟼ, später ov); auch der altgriechischen ist eine solche Verwendung ihres Ϝ nicht fremd.

Wenn die semitischen Grammatiker die „Doppellauter" als Verbindungen von „Vokalen" mit „Konsonanten" betrachten, so ist dies allerdings dem Ausdrucke nach verkehrt, weil ja die mitlautenden *i* und *u* ihren Klang, ihre physiologische Natur nicht im mindesten verändern, also Vokale sind und bleiben; jedoch dem Sinne nach vollkommen richtig, weil mit „Konsonant" hier nichts Anderes gemeint ist als das, was ich „Mitlauter" nenne. Statt auf diese alte Auffassung vornehm und verächtlich herabzusehn, hätte man besser gethan, sie auf Grund der Thatsachen unbefangen zu prüfen und sie richtiger auszudrücken.

Abgesehn davon, dass die mitlautenden Vokale von unsern Grammatikern willkürlich behandelt werden, kann die herkömmliche Begriffsbestimmung der Diphthonge der Wissenschaft ganz und gar nicht genügen, weil ja niemand anzugeben weiss, wie eine Silbe entsteht. Sagt man zwei Vokale bilden eine Silbe wenn man dieselben „mit einem Ausstossen des Lufthauches" spricht, so ist dies eine völlig werthlose Erklärung, welche sich z. B. auch auf die vier ersten durch keinerlei Pause oder Absetzen getrennten Laute von *ἠϊόεις* mit vollem Recht anwenden lässt, obgleich jeder derselben eine Silbe für sich bildet.

Nachdem wir gesehn, wie die Verwirrung der Begriffe Vokal und Konsonant mit Selbstlauter und Mitlauter eine Reihe von Irrthümern nach sich gezogen hat, wenden wir uns zur Beantwortung der Frage, worin der Unterschied zwischen Selbstlauter und Mitlauter besteht.

Betrachten wir die einsilbigen Verbindungen *ui, iu.* Sprechen wir *u* stärker als *i,* so ist letzteres Mitlauter (un-

---

[1] Dieses AV steht nicht im Gegensatz zu einem „diphthongischen" AU, da in Wulfilas Schreibung die AU wie die AI und EI einlautig sind.

silbig), ersteres Selbstlauter (silbig), was ich mit *u̯i, iu̯* bezeichne; ist umgekehrt das *u* schwächer als das *i*, so haben wir *ui̯, i̯u*. Verbinden wir *i* mit *l*, so unterordnen wir gewöhnlich das *l* dem *i* in dynamischer Hinsicht: *i̯l, li̯* u. s. w. Nehmen wir ferner das Wort Greuel; das -el darf allerdings *əl* lauten, aber gewöhnlich lassen wir bloss *ł* hören, ohne dass Greu*ł* aufhörte deutlich zweisilbig zu sein. Sprechen wir nun das eul in Greul versuchsweise wie in Geheul, also einsilbig, so erkennen wir, dass *l* dann entschieden schwächer ist als in Greu*ł* (um alle Beobachtungsfehler zu vermeiden, muss man alle Stimmlaute des Wortes mit gleicher Tonhöhe sprechen). Ebenso geben wir dem *n* in dem zweisilbigen *tsīṇ* (für *tsīən* ziehen) eine grössere Intensität als in dem einsilbigen *tsīn*. Kennen lautet gewöhnlich kçän, aber nicht nur ist das *n* gedehnt (also *kçäń*), sondern dessen erste Hälfte ist entschieden schwächer als die zweite (also *kçą̈ń̩*; dass sie in der gewöhnlichen Sprache oft auch eine andere Tonhöhe hat, darf uns nicht irre machen). Wird ein silbiges **i**, **u** u. s. w. mitlautend, so ist dies nicht eine „Verdichtung" (ein Wort, mit welchem in dieser Verwendung wohl schwerlich jemand einen klaren Begriff verbunden hat), sondern eine Schwächung.

Der Unterschied zwischen Mitlauter und Selbstlauter besteht also in der Schallstärke und ist folglich ein bloss relativer, kein absoluter.

Darum kann man oft im Zweifel sein, ob ein Laut als Mitlauter oder als Selbstlauter zu betrachten ist (ich erinnere z. B. an den Streit über die Zahl der sog. Doppellauter im Italiänischen), und zeigt sich in der Festsetzung der Silbenzahl eines Wortes oft viel Willkürliches. Das schweizerische ruet (ruht) klingt kaum anders als das neuhochdeutsche ruhet, nämlich *rúət* (mit langem *ú*[1]); aber dieses gilt für zweisilbig, jenes für einsilbig. In den Verbindungen **rch, rk, lch, lk** u. s. w. schiebt der Elsässer stets ein deutliches

---

[1] In Uebereinstimmung mit der Notkerschen Schreibung ía, úo (neben éi, éu, íu, óu) ist der erste Bestandtheil der Verbindungen UE, ÜE, IE im heutigen Schweizerischen entschieden lang, was ich gegentheiligen Behauptungen gegenüber festhalten muss.

i ein; z. B. *àriç* (Arche), *märik* (Markt), *mìliç* (Milch), *plòšpàlik* (Blasbalg) u. s. w., schreibt es aber auch in der Darstellung seiner Mundart gewöhnlich nicht und rechnet es im Verse nie als silbig; die einzige akustische Eigenthümlichkeit dieses *i* besteht darin, dass während sonst in langsamer Rede kurze Silben eine längere Zeitdauer beanspruchen als in sehr rascher, jene Verbindungen *riç, rik, liç, lik* u. s. w. auch dann das Minimum der Kürze beibehalten; wie mit diesen *i* verhält es sich auch mit den *ə* von *hìləft* (hilft), *fàrəp* (Farbe), *kxàləp* (Kalb) u. s. w. Es ist daher sehr wohl möglich, dass andere Völker ihre ı, u als Mitlauter auffassen in Fällen wo wir für Selbstlauter stimmen würden und umgekehrt; z. B. spielte das gothische v auslautend nach Konsonanten gewiss eine ähnliche Rolle wie die kirchenslawischen ŭ und ĭ und wie die oben erwähnten elsässischen *i* und *ə*; und in Formen wie auhsns, fugls waren die n und l wohl Selbstlauter und müssten nach den Grundsätzen unserer neuhochdeutschen Orthographie mit **en**, **el** bezeichnet werden; Wörter wie strennzkr, snarpr, garpr u. s. w. würden wir für zweisilbig erklären, obgleich sie von den Isländern als einsilbig betrachtet wurden (Snorra Edda, Kopenhagen, 1852, II, S. 82).

Es versteht sich von selbst, dass die Mitlauter sich den Selbstlautern in verschiedenem Grade unterordnen können, ohne aufzuhören unserm Ohr als unsilbig zu erscheinen. So kann es Sprachen geben, wo die Mitlauter im Vergleich zu den Selbstlautern auffallend schwach gesprochen werden. Einzelne Idiome haben in gewissen Verbindungen unsilbige Vokale, welche so leise sind, dass deren Vorhandensein oft geleugnet wird; dahin scheinen mir die mitlautenden *u* und *i* in den südenglischen ō und ā zu gehören; bezeichnet man die sehr geringe Vernehmbarkeit eines Mitlauters durch Verstärkung des Striches ˌ unter dem benachbarten Selbstlauterzeichen, so lauten die südenglischen ō und ā wie *ǫu* und *ẹi*.

Da die Unsilbigkeit eines Lautes bloss auf seiner geringern Schallstärke beruht, so können die übrigen Eigenschaften des Schalles (Klang, Dauer und Tonhöhe beliebig verändert werden, ohne dass deshalb aus einem Mitlauter ein Selbstlauter wird.

Mag man in der Verbindung *lą* das *l* durch irgend einen andern Klang ersetzen, so bleibt sie dennoch durchaus einsilbig, wenn man nur Sorge trägt, den ersten Laut dem zweiten an Stärke entschieden unterzuordnen und beide ohne irgend ein Absetzen auf einander folgen zu lassen. Es ist ein Fehler unserer Lautsystematiker, dass sie sich wegen der Vermengung von Mitlauter und Konsonant nicht gefragt haben, warum *l* in *lą* keine Silbe für sich bildet; aus rein theoretischen Gründen hätten sie die Möglichkeit konsonantischer Selbstlauter und vokalischer Mitlauter anerkennen müssen, auch wenn in den bekannten Sprachen keine solchen vorhanden wären.

Allerdings kommen die Laute, welche am Anfang der folgenden Reihe stehn, weit öfter silbig als unsilbig vor:
a; ä, ȍ, ȍ; e, ö, o; ə; ỉ, ẏ, ủ; i, y, u; l, r, n, m; w, v, ʃ, ʃ̊; b, d, g; f, s, s̊, ç; p, t, k
(für die Laute von *w* bis *k* ist mir kein Beispiel ihres silbigen Gebrauches bekannt). Auch zeigen die mitlautenden Vokale ein Streben nach einer ganz andern Richtung als die silbigen Kürzen: nicht nur sind die nhd. kurzen **i**, **ü**, **u** als Selbstlauter zwar *ỉ, ẏ, ủ,* als Mitlauter hingegen immer *i, y, u* (in einzelnen Gegenden hört man allerdings auch dann *ỉ, ẏ, ủ),* sondern die unsilbigen **e**, **o** mancher Sprachen werden zu **i**, **u**; z. B. italiänisch: o g l i o = o l j o (oleum), p a g l i a (palea), b a g n o (balneum), c a l c a g n o (calcaneum), p i a z z a aus p l a t j a (platea), p o z z o (puteus), d e g g i o d. h. *dädʃ̊o* aus d e b j o (debeo), a g g i a (habeam), g a g g i a (cavea) u. s. w. u. s. w. (Diez, rom. Gr. 1870, I, S. 179 ff.; wenn in der spätlateinischen Orthographie häufig **e** für schwaches **i** vor Selbstlautern geschrieben wird, so kann dies nur so aufgefasst werden, dass eben alle **e** in jener Stellung wie **i** gesprochen wurden, was ja aus andern Zeugnissen deutlich genug hervorgeht); neugriechisch: j o r t i *(ἑορτή)*, V e r j a *(Βέρροια)*, þ j o s *(θεός)*, s t e r j a *(στερεά)*, e n j a *(ἐννέα)*, p a l j o s *(παλαιός)* u. s. w. (Deffner in Curtius Studien IV, 1871, S. 242); das französische **oi** hat die Reihe *ọi* (diese Form

brachten die Normannen nach England mit und hört man noch jetzt in loyal, royaume u. s. w. aus manchem französischen Munde). *oi, oę, oą* (so noch heute in einzelnen Gegenden Frankreichs, wo also moi, loi, quoi u. s. w. genau mit jamais, français, procès, frais u. s. w. reimen), *oą, uą* (die heute bei den Gebildeten allgemein durchgedrungene Form) mit mehr oder weniger Zwischenstufen durchlaufen. Dieses unverkennbare Bestreben der mitlautenden Vokale, sich nach *i, y, u* hin zu verschieben, macht es sehr wenig wahrscheinlich, dass der Uebergang von **au, ai** in ō, ē jemals durch gegenseitige Angleichung beider Vokale herbeigeführt worden sei. Auch wenn es keine Beispiele gäbe wie die elsässischen **au, ai**, welche vor **m** und **n** beliebig *au, ai* oder *á* sind, so wäre nicht einzusehn, warum die Vokale, welche eine viel weniger scharf ausgeprägte Mundstellung erfordern als die übrigen Laute, nicht gleich diesen sollten ohne weiteres schwinden dürfen, wenn sie unsilbig sind. — Da in den meisten Idiomen keine mitlautenden **a, e, o** u. s. w. vorkommen, fällt es den Allermeisten aus Mangel an Uebung sehr schwer, solche hervorzubringen; aber nicht nur ist dafür gar kein physiologischer Grund zu erkennen, sondern Verbindungen wie *eą, ąe, oą, ąo* u. s. w. lassen sich entschieden einsilbig sprechen. In Bezug auf die Stellung der Mitlauter zeigt sich der Einfluss der Gewohnheit noch stärker; keinem Fremden wird es gelingen die schweizerischen *wę̈it* (weht), *kräyləx* (graulich), *prąuť* (braut), *hįufť* (hilft), *wąutər* (Wälder) u. s. w., oder die elsässischen *nę̈iš* (nähst), *plö̧yt* (plagt), *fö̧yl* (Vogel), *mąut* (Magd) u. s. w., oder die französischen *plyį* (pluie), *bryį* (bruit) u. s. w. beim ersten Versuch richtig nachzubilden und den Mitlauter genügend unterzuordnen; Viele werden es unglaublich finden, dass man Wörter wie *oril* (Orgel), *küril* (Gurgel) so sprechen kann, dass *i* (welches nicht eine Spur von *ç* enthält) Mitlauter ist neben dem silbigen *l*. Wer Verbindungen wie

yi, ųi (ist im Sauerländischen häufig), *ǫi, ǫ̇i, ǫ̈i, ąi, ą̈i, ą̈i, ę̈i, ęi, įi, ịi* (die korrekte Schreibung ist *ị*, während *ị* für *iị* zu schreiben ist), *yi, ỵi, ö̧i, ųu* (d. h. *ú*), *ųu, ỵy* u. s. w. nicht geläufig herausbringt, dem fehlt es eben an der Uebung *(ụ̀u, ỳy, ị̀i* kommen in deutschlothringischen Mundarten vor).

Wie der Klang, so kann auch die Zeitdauer eines Mitlauters beliebig sein. Mit einiger Uebung kann man es leicht dahin bringen **ana** mit lang gedehntem **n** zu sprechen, also *ańa;* darum hört die Lautverbindung nicht auf entschieden zweisilbig zu sein. Ebenso *áńa, ańań, aḿna, amńa* u. s. w. u. s. w. Nicht minder sind zweisilbige Verbindungen wie *aía, aúa, oúa, öýa* u. s. w. mit gedehntem Mitlauter möglich (vgl. oben S. 116 f.). Solche lange unsilbige Vokale findet man im Hebräischen und im Arabischen; in der Schweiz sind Formen wie *mèíə* (Mai; Blumenstrauss), *fròúə* (Frauen), *rôýìk* (reuig), *lôýə* (ausruhn) u. s. w. noch heute üblich, weshalb K. Arnold in Leuggeren sagt (Moltkes Sprachwart 1869, S. 383): Wo der Schweizer **eu** für altes **ū** hören lässt, „da ruht der Ton [Verwechslung von Schallstärke und Zeitdauer!!] auf **ū**, so dass das **e** [vielmehr **ö**] nur als schwacher Vorschlag gehört wird. Aehnlich verhält es sich mit **ei**, wenn es aus dem alten **ī** entstanden ist". Dass in den lateinischen Wörtern m a j j o r, c u j j u s, p e j j u s, P o m p e j j u s, G a j j u s, T r o j j a, M a j j a, A j j a x, H a r p y j j a, T h y j j a s u. s. w. das mitlautende *i* gedehnt war, wird durch Grammatiker und Inschriften ausdrücklich bezeugt; obgleich Corssen zuerst von „doppelter Zeitdauer" spricht, weiss er doch mit diesen **jj** nichts Rechtes anzufangen, weil er „aus Gründen der Zweckmässigkeit" [!] bei der Erörterung lautlicher Fragen die Physiologie bei Seite wirft, um nach Herzenslust in dem rathlosen Labyrinth der herkömmlichen Theorien umherzuirren (s. Corssen, Aussprache, 1868, I, S. 33[1]; dass nach dem Schwund des **g** in **gj** Ersatzdehnung des Selbstlauters und nicht des Mitlauters eingetreten sei, hat er nicht bewiesen; dass in manchen Wörtern der Selbstlauter ursprünglich lang war, kann kein Grund sein die bestimmten und

---

[1] So werthvoll das Corssensche Werk als Sammlung des Materials und als Grundriss der lateinischen Etymologie ist, so verfehlt sind meistens dessen Versuche, die Laute der lateinischen Buchstaben festzustellen. Es wäre zu wünschen, dass in einer neuen Ausgabe das Buch von den massenhaften Fehlern gereinigt würde.

klaren Angaben der Alten anzuzweifeln). Im Ahd. und Mhd. sind lange mitlautende *u* durch die nach Selbstlautern vorkommende und bisher ganz verkehrt aufgefasste Schreibung uw (d. h. vvv für vvvv = ww) erwiesen. Wenn in den altgriechischen Rhythmen Diphthonge zu Trägern von langen Takttheilen gemacht werden, so beruht dies darauf, dass sie eben ganz richtig wie jede andere Verbindung eines Selbstlauters mit einem Mitlauter behandelt werden: wie *-εν τ-*, *-ας ῥ-*, *-ελτ-*, *-ομβ-* u. s. w. sind auch *-ευ τ-*, *-αυ ῥ-*, *-ευτ-*, *-οιβ-* u. s. w. immer „lang“, während *αι, οι, ευ* im Auslaut, wo die Dehnung der Mitlauter überhaupt nicht üblich war, vor folgendem Selbstlauter gewöhnlich als „kurz“ erscheinen (z. B. *ἄνδρα μοι ἔννεπε*), was gar nicht möglich wäre, wenn ein „Doppellauter“ nach Brückes Behauptung aus einer Reihe von Klängen bestände (vgl. auch *ἄνθρωποι*, nicht *ἀνθρώποι* wie *ἀνθρώπων* u. s. w.). Wurden *ευ, οι, αι, αυ* vor Selbstlautern als langes rhythmisches Element verwendet, so musste natürlich der unsilbige Vokal gedehnt werden (vgl. die gothische Schreibung von *Εὔα*, *Λευΐς*, *Λευΐτης*: Aivva, Laivveis, Laivveitus, das evv- für *εὐ-* vor Selbstlautern bei Schuchardt, Vokalismus des Vulgärlateins II, Lpz. 1867, S. 522 f., und die lateinische Behandlung der griech. *αι, οι, υι* vor Selbstlautern); geschah dies gerade so wenig wie in unsern nhd. „Diphthongen“, so war ău, ĕi u. s. w. natürlich eben so „kurz“ wie ăl, ăs u. s. w. Dies hat, ohne eine tiefere Einsicht in das Wesen der sog. Diphthongen erlangt zu haben, Dr. van den Bergh ganz richtig erkannt, indem er sich bloss durch die unbefangene Empfindung seines Ohres leiten liess; er bezeichnet (Jahns Jahrbücher 1867, 2. Abtheil. S. 336 und 350) die Stammsilbe in scheuen, verleihest [mit stummem h-Zeichen! vgl. Kuhns Zeitschr. XXI, S. 52 ff.], reuig, Trauung, schauen, Schleier, heuer, seien, weihen, Gauen, umfreien als „Kürze“, hingegen diejenige in schauten, Schleifer, heute als „Länge“. — Was soll sich ein Fremder denken, wenn er in deutschen Wörterbüchern, sogar in dem sonst so trefflichen von Sachs, die Wörter Au, blau, Bauer, bauen u. s. w. als ⊥ und ⊥ ⏑ bezeichnet findet? Wird er nicht verführt das a zu dehnen, wie dies in den süddeutschen Wörtern b l a u, g r a u geschieht? Es ist ein trauriger Beweis für die klägliche Abhängigkeit vom Herkommen, dass in den Grammatiken von Jahr zu Jahr der sinnlose Satz nachgeschrieben wird: Diphthonge sind immer lang. Und gleich vielen andern Ueberlieferungen wird auch diese ungeprüft zur Grundlage von Schlussfolgerungen gemacht; so hält z. B. Curtius (Erläut. zur gr. Schulgr. Prag 1870, S. 20) den u-Laut des *υ* in *ευ* deshalb für erwiesen, weil *εὐήνορα* mit dem Rhythmus ♩ ♩ ♪ ♪ (nicht ♪ ♩ ♪ ♪) vorgetragen wurde! Wären die mitlautenden *u* schon vor der homerischen Zeit zu *w* geworden, so hätte für ein g e d e h n t e s unsilbiges *u* natürlich ein g e d e h n t e s *w* eintreten müssen und *ευ* wäre auch dann „lang“ geblieben. — Will man das Kauderwelsch der alten Metriker beibehalten und die *ιμμ*, *ονν* u. s. w. „positionslang“ nennen, statt sie klar und deutlich als das zu bezeichnen was sie sind, als Silben mit langem Mitlauter, so sind die langen *οι*, *αι*, *ευ*, *αυ* „Positionslängen“, was übrigens schon die lateinischen Grammatiker für ihre *ąí*, *ǫí* u. s. w. unumwunden anerkannt haben.

Silbige Längen vor mitlautenden Vokalen werden oft verkürzt, auch wenn die letztern von jeher kurz gewesen sind; z. B. nhd. *gràu, blàu;* elsässisch: *klöyə* (K l a u e n; sonst ist āw immer *ȫy*), *söyə* (s a u g e n; nach dunkeln Vokalen wurde **g** im Elsässischen stets zu mitlautendem *u*; *öy* steht hier für *ou* = *ųu* = ūg). *śteiə* (s t e i g e n; *ei* für *į̄i* = īg) u. s. w.; über ähnliche Erscheinungen im Lateinischen s. oben S. 126. Da diese prosodische Veränderung keinen physiologischen Grund hat, so beruht sie wohl auf der Analogie: den in der Sprache sehr zahlreichen *ai, au* u. s. w. gleichen sich die wenigen *ái, áu* an. In gewissen Gegenden, z. B. in Baiern, hört man umgekehrt a l l e **ai** und **au** mit langem Selbstlauter, z. B. *tswái* (z w e i; nicht zu verwechseln hiermit ist natürlich die schwäbische Neigung, die gemeindeutschen mitlautenden Vokale silbig zu sprechen, z. B. *hǫųs* = Haus).

Auch von der vierten Eigenschaft des Schalles, von der Tonhöhe, ist die Silbigkeit oder Unsilbigkeit eines Lautes durchaus unabhängig. Man kann sehr leicht z. B. das *l* in *lą* auf einer tiefern oder höhern Note bilden als das *ą*, etwa  oder 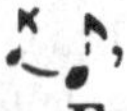, ohne dass die Lautverbindung aufhört einsilbig zu sein. Es wird ausdrücklich bezeugt, dass, wenn der altgriechische Akut auf einen langen Selbstlauter fiel, der zweite Theil des letztern mit höherer Stimmlage als der erste gesprochen wurde, also ; fiel er auf einen „Doppellauter“ ai, au u. s. w., so war der mitlautende Vokal höher als der selbstlautende *(ὰί, ὰύ)*, d. h. auf ihm ruhte die eigentliche „Betonung“. Es ist daher ganz unbegründet, wenn Corssen meint, ein nach altgriechischer Weise „betonter“ Vokal könne nicht „Verschleifung“ erleiden; wer behauptet *νέα* (*ι* 283), *Αἰγυπτίῃς* (*δ* 127), *χρυσέην* (131), *Αἰγυπτίη* (229), *ἀστεμφέως* (419) dürfe wegen der „Betonung“ nicht *neą*, *ąigyptiẹ́is*, *kṛryseẹ́n*, *ąigyptiẹ́*, *ąstąmpheǫ́s* (wer kein mitlautendes *e* hervorbringen kann, spreche nja, u. s. w.) gelesen werden, der verwechselt Schallstärke mit Tonhöhe. Dass im Altgriechischen *αί, εύ, αύ, οί* u. s. w. vorkommen, aber keine *αλ́, ε̣μ́, αρ́, ον́* u. s. w., erklärt sich dadurch, dass *αί, αύ* u. s. w. aus den langen Selbstlautern *ῑ* und *ῡ* entstanden sind, was bei *αλ, ε̣μ* u. s. w. natürlich nie der Fall sein kann. — Im Nhd. haben die unsilbigen Stimmlaute immer genau dieselbe Tonhöhe wie die neben ihnen stehenden Selbstlauter.

Zwei Vokale innerhalb einer Silbe vertauschen zuweilen die Rollen, z. B. *ǫi* wird zu *oị* (s. oben S. 124 f.), *ịu, ịo, ịa* u. s. w. zu *iụ, iǫ, ią* u. s. w. (so im Neuisländischen) und mit Umstellung zu *ụi* (so im schwäbischen *tsuik* Zeug, *nui* neu u. s. w.).

Die mitlautenden Vokale üben auf vorhergehende Selbstlauter einen assimilirenden (angleichenden) Einfluss aus; so wird

ąu zu *ọ̀u, ǫ̀u, ǫu, ụ̀u, ̣ú*
ąi zu *ą̈i, ą̈i, ẹ̀i, ęi, ị̀i, ̣í*
ǫi zu *ǫ̈i, ęi, ị̀i, ̣í*
ęu zu *ǫ̈y, ỳy, ̣ý*
ụi zu *yi, ý*
ịu zu *ý*

Sowohl wegen dieser Angleichung als wegen der Entstehung aus langen Selbstlautern (z. B. *ại, ạ̈i, ẹi, ì̦i, ị́* aus *į́*) können, wie schon erwähnt (s. oben S. 115), in solchen Verbindungen Vokalklänge vorkommen, welche sich sonst in der betreffenden Sprache nicht finden; so erscheint in manchen süddeutschen Mundarten das norddeutsche *a* nur vor unsilbigem *i* oder *u*, da **a** sonst immer *à* und *â* ist, d. h. etwas nach **o** hinneigt; die Klangfärbungen der Selbstlauter in den nhd. **au**, **eu** sind dem Nhd. in andern Verbindungen fremd.

Schwindet der Mitlauter, so tritt gewöhnlich Ersatzdehnung ein, z. B. *au* wird zu *á*, *àu* zu *â*, *òu* zu *ô*, *ou* zu *ó*, *ùu* zu *û*, *ụ́* zu *ụ́* u. s. w.

Die letzterwähnten Eigenthümlichkeiten können jedoch kein Grund sein, um den „Diphthongen“ die herkömmliche Sonderstellung in der Sprachphysiologie noch ferner zu belassen; überdies finden sich Lautverbindungen, welche ähnliche Eigenthümlichkeiten aufweisen und gleichwohl von den Grammatikern immer in ihre Bestandtheile zerlegt worden sind. In den meisten Sprachen ist *h* nur vor selbstlautenden Vokalen gebräuchlich; aber niemand ist deshalb auf den Einfall gerathen, die Verbindungen *ha, he, hi* u. s. w. als eine besondere Art von Lauten in die Lauttabellen aufzunehmen. *an, än, on* u. s. w. erleiden oft eine eigenthümliche Behandlung, durch welche sie zu *ą, ą̈, ǫ* u. s. w. werden; aber gleichwohl hat man die in *an, än, on* enthaltenen *a, ä, o* nicht von den übrigen *a, ä, o* getrennt, sondern sagt einfach sie assimiliren sich (durch Oeffnung des Gaumensegels) dem *n*, welches dann später schwindet.

Bemerkenswerth ist die Abneigung einiger Sprachen gegen mitlautende Vokale. Das Griechische fing damit an, dass es dieselben überall tilgte wo sie keinen Selbstlauter vor sich hatten; dann schwanden sie nach langen Selbstlautern (*ῃ, ᾳ, ῳ*); endlich überall: schon früh *ου* = ū, und *ει* = ī, neugriechisch *αι* = ä, *οι* = i[1], *ευ* = ew, ef, *αυ* =

[1] Das griechische OI hat wohl folgende Reihe durchlaufen: *ùi*; dann durch Assimilation des *ù* an *i*: *ỳi*; hernach mit Ausstossung des *i*: *ŷ*, was Vermischung mit Y erzeugte; endlich zu *î*. — Wenn das altlat. OI *ùi* war, so musste daraus durch Schwund des *i* natürlich *û*

aw, ef (aus **g** und selbstlautenden **i** und **e** sind allerdings oft neue mitlautende **i** hervorgegangen; aus der ungleichen Behandlung von *αγ*, *εγ*, *ογ* und von *αι*, *ει*, *οι* folgt übrigens, dass im Altgriechischen das *γ* nicht den **i**-Laut gehabt haben kann). Das Neufranzösische hat die mitlautenden Vokale nicht gern, wenn sie keinen Selbstlauter h i n t e r sich haben, z. B. *reie* (rayé) aber *rä; fyįe* (fuyez) aber *fyį* (fuis, fuit, fuient, fui) u. s. w.; im Auslaute kommen keine unsilbigen **i** (ausser in **aye**, **eye**, **ille**, **il**, **gne**), ü und **u** vor; in den ursprünglichen Verbindungen eines selbstlautenden Vokales mit einem folgenden mitlautenden ist, wenn der letztere nicht schwand, stets Vertauschung der Rollen eingetreten (**oi**, **ui**).

Geben wir den althergebrachten Irrthum auf, welcher die Begriffe Mitlauter und Konsonant durcheinander wirft, so können wir eine oft erörterte Frage bestimmt und sicher beantworten. Die **j** und **v** der indogermanischen Sprachen werden gewöhnlich für Reibelaute ausgegeben und mit **s** zusammen gestellt; dagegen sind schon von verschiedenen Seiten Zweifel erhoben worden, ohne jedoch die allgemein herrschende Ansicht wankend zu machen. Eine eingehende Untersuchung über den Lautwerth jener Buchstaben ist daher nicht überflüssig.

Um nicht in den Fehler zu verfallen, welcher bei Lautbestimmungen todter Sprachen so gewöhnlich ist, nämlich dass von mehreren denkbaren Fällen willkürlich einige herausgegriffen werden, müssen wir vor Allem die hauptsächlichsten der für **j** und **v** möglichen Werthe feststellen.

Dass **j** mit antepalataler Verengung gebildet wurde, ist so wenig zweifelhaft und so allgemein anerkannt, dass wir an das niederdeutsche *j* in T a g e und Aehnliches nicht denken dürfen. So bleiben nur zwei Möglichkeiten. Man konnte ihm den Laut eines mitlautenden *i* ohne die geringste Spur eines *ç* gegeben haben. — Oder man konnte zu g l e i c h e r Z e i t *i* und *ç* miteinander haben hören lassen, was ich durch *j̉* = *[i, ç]* darstelle. Dieses *j̉* ist bei uns ebenso wenig

---

entstehn. Ueberhaupt scheinen die altgr. und altlat. ĕ, ŏ, ebenso auch die goth. ĭ, ŭ oft oder immer *ì*, *ù* gewesen zu sein.

gebräuchlich, wie das ganz leicht zu bildende *[y, ç]*, was Winteler (die Kerenzer Mundart, Lpz. 1876, S. 8; 19) wenigstens für die Schweiz bezeugt.

v ist möglicherweise nichts Anderes als der reine Vokal *u* mitlautend gesprochen ohne die geringste Beimengung irgend eines labialen oder palatalen Reibegeräusches. — Oder es könnte ein Zusammenklingen von *u* und *f* darstellen, in welchem sowohl *u* als *f* gleichzeitig (nicht nacheinander) hörbar sind, also *v̤* = *[u, f]*. — Oder es könnte sich auf ein mediopalatales *x* beziehen, welches zugleich mit *u* gesprochen wird, also *[u, x]*; dass *u* eine mediopalatale Verengung erfordert und dass deshalb während seiner Bildung ebenso gut ein *x* als ein *f* mitklingen kann, ist bisher übersehen worden. — Oder es könnte darunter ein gleichzeitiges Eintreten von *ə* und *f* zu verstehen sein, wie wir es in dem rheinländischen, westfälischen, holländischen und in dem auslautenden französischen v finden (z. B. frz. r i v e, n e u v e u. s. w., von Deutschen gewöhnlich *ríf, nöf* gesprochen); zugleich mit dem tönenden *ə* ist das *f* deutlich vernehmbar, also *v* = *[ə, f]*. Auch *[y, f]*, *[o, f]*, *[e, f]* u. s. w. sind ganz leicht hervorzubringen und deutlich zu unterscheiden, kommen jedoch wohl nirgends zur Verwendung. — Oder **v** könnte als *u* gebildet werden, während die Unterlippe die Oberzähne berührt, ohne dass jedoch die durchstreichende Luft das mindeste Reibegeräusch hervorruft, also *u*-haltiges *w* = *w̤*; so wird unser nhd. **w** vor *ú* gesprochen (z. B. in W u t h). — Oder **v** könnte den Werth eines *ə* haben, welches, wie auch Winteler (Ker. Mund. S. 8 und 19) bemerkt hat, mit Annäherung der Unterlippe an die Oberzähne o h n e R e i b e g e r ä u s c h hervorgebracht wird, also *w*; dies ist unser **w** in W a g e n, w a s, w i r u. s. w.

Es sind auch *v̤, v, w̤, w* mit bilabialer statt labiodentaler Verengung möglich; aber einerseits ist der W e c h s e l zwischen beiden Orten äusserst leicht, und andrerseits ist es wenig wahrscheinlich, dass eine so geringe Verschiedenheit jemals beachtet worden sei; daher halte ich es für unmöglich und für völlig unnütz zu bestimmen, ob die allfällige Verengung des **v** früher bilabial oder labiodental war.

Die Voraussetzung, die indogermanischen j und v hätten irgend eine Art von Reibelaut enthalten, ist nicht nur von vornherein unwahrscheinlich, weil sich alle übrigen Reibelaute mit Ausnahme von s als unursprünglich herausgestellt haben, sondern muss geradezu abgewiesen werden, weil j und v in den indogermanischen Sprachen entweder gar nie oder erst spät mit *ç*, *f* oder *x* wechseln, Lauten, welche doch vor stimmlosen Konsonanten und vor Pausen ebenso nothwendig für *[i, ç]*, *[u, f]*, *[ə, f]*, *[u, x]* eintreten müssen, wie *p*, *t*, *k*, *þ*, *s*, *ś* für *b*, *d*, *g*, *ð*, *ʃ'*, *ʃˁ*; man vergleiche *αυ* = **af**, *ευ* = **ef** im Neugriechischen, ferner frz. neuf, cerf, serf, vif u. s. w. aus novem (und novus), cervus u. s. w., endlich die deutsche Sprechweise *wíf*, *bráf* für frz. vive, brave u. s. w. Dass in späterer Zeit viele Sprachen einen Reibelaut in j, v haben aufkommen lassen, hat nichts Befremdliches: sobald bei der Bildung eines *i*, *y*, *u* die schon vorhandene Enge zu klein wird, bricht sich der Luftstrom in derselben, ohne dass eine erhöhte Muskelanstrengung erforderlich ist; unbestrittene Beispiele solcher Veränderungen sind die *αυ* und *ευ* des Neugriechischen und die aus früheren selbstlautenden *e* und *i* hervorgeşangenen *ʃˁ* und *ʃ'* der romanischen Sprachen (z. B. frz. *rúʃˁ* aus rubeum, ital. *mädʃ'o* aus medium; *e* und *i* wurden aus Selbstlautern zu Mitlautern, dann *e* zu *i*, hernach *i* zu *[i, ç]* = *j'*, endlich *[i, ç]* zu *[ə, ś]* = *ʃˁ* u. s. w.). Vielleicht gehört auch die Auflösung vieler romanischer l in j hierher: *l* wäre in *[l, ç]* übergegangen, *[l, ç]* in *[i, ç]* oder in *l [i, ç]* = *lj'*, und schliesslich oft in blosses mitlautendes *i*.

Erwägen wir nicht nur, dass die vokalischen Selbstlauter eine ausgesprochene Neigung haben als Kürzen in *ə* überzugehen, sondern auch dass bei der Bildung der Konsonanten *m*, *n*, *f*, *s*, *ś* u. s. w. die Mundhöhle die *ə*-Gestalt annimmt, während sie doch, wie aus zahlreichen Thatsachen hervorgeht, früher oft die *u*-Gestalt hatte, so können wir einen Uebergang von *ə* in *u* nicht zugeben und müssen also, da der Wechsel von v mit u erwiesen ist, die Laute *v* und *w* als unursprünglich verwerfen.

Für v bleiben also nur die Werthe *u* (unsilbig) und *w̤*

übrig; sowohl der bekannte Wechsel von v mit u, als die Analogie des j, welches nur mitlautender Vokal gewesen sein kann, zwingen zur Annahme, dass v nichts weiter als ein mitlautendes *u* war.

Auf die Einwendung, es hätten dann die Doppellauter als ăj, ăv, ĕj, ĕv, ŏj, ŏv u. s. w. aufgefasst werden müssen, ist zu erwidern, dass die meisten Völker dies wirklich gethan haben und zwar nicht nur die Semiten, Osker, Gothen, Angelsachsen, Altisländer und Slawen.

Die Altinder sahen immer nur **aj**, **av** in den sog. Diphthongen **ai**, **au**, welche bei ihnen bloss vor folgendem Selbstlauter vorkamen, vor Mitlautern aber durch ē, ō vertreten wurden. Hatten sie den Fehler begangen ē, ō als „Doppellauter" zu betrachten, so konnte es ihrer spitzfindigen Systematik nicht schwer fallen, die āi, āu, welche den āj, āv gegenüber dieselbe Rolle spielten wie die ē, ō den ăj, ăv gegenüber, als „Doppellauter" von den āj, āv zu scheiden; also selbst vorausgesetzt, dass die āi, āu mit den āj, āv lautlich vollkommen identisch waren, ist die Verschiedenheit der Orthographie leicht erklärlich. Ferner kann es sein, dass die Selbstlauter der Diphthonge in andern Verbindungen gar nicht vorkommen (s. oben S. 130); so konnten die ā in āi, āu andere Klänge sein, als in āj, āv; dass eine und dieselbe Lautverbindung in „geschlossener" Silbe anders behandelt wird als in „offener", ist nichts Ungewöhnliches (vgl. das *òi* in D r o y s e n mit dem *ói* in T r o j a, und das *ui* in l o i mit dem von Littré noch jetzt statt des gewöhnlichen *uai* geforderten *òi* in l o y a l u. s. w.). Nun fällt es der gewöhnlichen und oberflächlichen Betrachtung meistens sehr schwer, einen nur im „Diphthong" vorkommenden Klang des Selbstlauters richtig zu bestimmen; man erinnere sich an die so verschiedenartigen Auffassungen des nhd. **eu**: von sechs Personen, welche es alle ganz genau gleich bilden, glaubt die erste ein *ay*, die zweite ein *äy*, die dritte ein *òy*, die vierte ein *òi*, die fünfte ein *əy*, die sechste ein *öi* zu sprechen; Brücke hielt das nhd. **eu** früher für ein **aü**, jetzt sieht er darin ein **aü**; Klopstock tadelte die Schreibung **ei** statt **ai**, fand aber das **eu** der nhd. Orthographie genau dem üblichen Laut entsprechend! Diese Schwierigkeit die Bestandtheile des „Doppellauters“ klar zu erkennen, führt zu einer mystischen Auffassung desselben, zur Annahme eines Ineinanderüberfliessens und allmälichen Ueberganges, in Folge dessen solche Lautverbindungen für etwas ganz Anderes als die übrigen gelten müssen. — Nun ist uns aber die Geltung der altindischen āi, āu so gut wie unbekannt; für den zweilautigen Werth derselben sind keine Beweise beigebracht; nichts hindert uns die einfachen Zeichen ऐ, औ (ै, ौ) als Buchstaben für einzelne, von ē, ō nur durch die Klangfärbung verschiedene Laute aufzufassen. Ist dies richtig, so war den alten Indern unsere moderne Diphthongentheorie ganz fremd; unter sandhjakśara verstanden sie nichts Anderes als Mittellaute zwischen zwei gegebenen Vokalen; so wären z. B. unsere ü und ö sandhjakśarāṇi im indischen Sinne als Zwischenstufen zwischen u und i, und zwischen o und e. Wenn die heutigen Mundarten Indiens die alten āi, āu zweilautig sprechen (wie denn?), die alten ē, ō aber nicht, so sind sie gerade so verfahren wie die südenglischen Mundarten, welche die geschlossenen ē und ō zu ėi und ȯu (s. oben S. 123) gemacht, die offenen ē und ō aber unverändert gelassen haben, oder wie das Romanische, welches die offenen ē, ō (aus ĕ, ŏ in betonter Silbe) in ie, uo verwandelt, die geschlossenen alten ē, ō aber bewahrt hat.

Ebenso unbekannt wie den Indern war unsere Auffassung der „Diphthonge“ auch den Römern. Diese duldeten wie das Neufranzösische (s. oben S. 131), die vokalischen Mitlauter bis auf wenige verschwindende Ausnahmen nur vor Selbstlautern: vor Mitlautern und im Auslaut sind ihre ou und ei, wie die schriftlichen Denkmäler zeigen, schon früh in ū und ī übergegangen, und ihre oi, ai und au in der klassischen Zeit ebenfalls einlautig geworden[1], obgleich die alte Schreibung beibehalten wurde, weil zwischen ai (ae)

[1] Dass es in dem weiten Gebiet des Römerreiches noch in späterer Zeit Gegenden gab, wo AE, OE, AU in allen oder bloss in einzelnen Wörtern zweilautig waren, mag wohl sein; hier kommt nur die Sprache der gebildeten Römer in Betracht, denn zunächst nur diese findet bei den Grammatikern Berücksichtigung.

und ē wie zwischen au und ō ein lautlicher Unterschied bestand: ai und au bezeichneten einen offeneren Klang; so brauchen noch heute die englischen Orthoepisten den Buchstaben o für den langen dunkeln o-Laut, und die Verbindung au für den langen hellen; in der altnordischen Orthographie findet sich ꜵ für *ǫ*, den u-Umlaut des kurzen a, für welchen jetzt ō eingerissen ist; wenn spätlateinische Schriftsteller in gothischen Eigennamen ai, au schreiben, so beweist dies also nicht, dass die Gothen noch zweilautiges ai, au hatten. Ursprünglich bewirkte der Schwund des unsilbigen Vokales immer Ersatzdehnung des Selbstlauters; aber in Folge der Umwälzung der alten Dauerverhältnisse, welche in unserem Schullatein üblich ist und bereits am Ende des dritten Jahrhunderts nach Christus in der römischen Volkssprache vollzogen war, gab es bald auch kurze „Diphthonge“; prae erscheint schon in der klassischen Zeit vor einem Selbstlauter innerhalb der Zusammensetzung nur mit einem kurzen *ă;* Terentianus Maurus (Sp. 2393 f., ed. Putsch) findet in seiner Sprache das au von Aurunci, aut, *αὐτάρ, αὖ* kurz, das von aurum, auspices, *αὔριον* aber lang, dieses also in „betonten“, jenes in „unbetonten“ Silben (im Zusammenhang verlieren Wörter wie aut, *ἂν* natürlich ihren „Ton“); dass er als Grund dafür angibt, das a sei *δίχρονος*, darf uns nicht irre machen: die Inschriften, welche die Länge der Selbstlauter mit ´ (oder ʾ) bezeichnen, geben auch dem e von ei, dem a von ae und au u. s. w. den Apex (éi, áe, áu); man bezog also auf das a allein, was für den durch ae, au dargestellten Laut galt[1]. Sergius (in Don. S. 520 ed. Keil) findet das kurze e laute wie der „Diphthong“ ae. — Wo die mitlautenden Vokale erhalten blieben, wie in jus, majjor, ejjus u. s. w. ver, avis, levis u. s. w., da wurden sie ausdrücklich „vocales loco consonantis positae“ genannt (die sehr wenigen, offenbar nach griechischer Ter-

---

[1] Was in der klassischen Zeit „lang“ war, wurde natürlich auch später trotz dem Umsturz der prosodischen Verhältnisse immer „lang“ genannt; z. B. Auruncos wurde ŏruncŏs gesprochen, aber dennoch im Verse als — — — gerechnet; darum sagt Terentianus Maurus: AU et EU corripi possunt temporum salvo modo.

minologie behandelten und in ihrer Geltung oft zweifelhaften eu können hier natürlich nicht in Betracht kommen). Die Römer verstanden unter „Diphthong“ also nichts als einen langen oder kurzen Selbstlauter, welchen die übliche Orthographie durch eine Verbindung zweier Vokalzeichen (z. B. ai, ae, au) darstellt. Dass sie dem Ausdruck *δίφθογγος*, welcher sich doch ursprünglich nur auf akustische Eigenschaften bezog, eine rein graphische Bedeutung gaben, ist nichts Auffallendes, denn die Verwirrung zwischen Sprache und Schrift war früher allgemein und steht noch bis in unsere Zeit herab bei Vielen in schönster Blüthe.

Bei den Griechen finden wir allerdings die Anfänge unserer Diphthongentheorie, aber unter sehr mildernden Umständen. So lange sie sich noch des Zeichens Ϝ bedienten, schwankten sie zwischen *αυ*, *ευ* und den richtigeren *αϜ*, *εϜ* (die Schreibungen *αυ*, *ευ* beruhen übrigens nicht nothwendig auf der Diphthongentheorie); als das Digamma verschwunden war, kamen im Griechischen keine mitlautenden Vokale mehr vor, als nach Selbstlautern; einen Gegensatz zwischen j, v und den i, u der „Doppellauter“ haben also die Griechen gar nicht gelehrt und nicht lehren können. Dass ihre Grammatiker die Verbindungen *αι*, *οι*, *αυ*, *ευ* u. s. w. nicht in deren Elemente auflösten, ist unter diesen Umständen leicht erklärlich. Abgesehen davon, dass die *α*, *ι*, *ο* der „Diphthonge“ vielleicht nicht denselben Laut hatten wie die übrigen *α*, *ι*, *ο*, und dass die mit den *αι*, *οι*, *αυ*, *ευ* auf gleiche Stufe gestellten *ει*, *ου* bereits in der klassischen Zeit zur Bezeichnung einzelner Laute verwendet wurden, konnte schon die Begriffsverwirrung, welche sich in den Ausdrücken *φωνῆεν* und *σύμφωνον* verräth, die richtige Auffassung beeinträchtigen: dass die u, i in au, eu, ai, oi dem Klang nach Vokale waren, vermochte man nicht zu übersehen; aber Vokal hatte auch die Bedeutung „silbenbildender Laut“ erlangt, und silbig waren jene u und i ja nicht; die Anerkennung der „mitlautenden Vokale“ (*φωνήεντα σύμφωνα*, vocales consonantes) wurde durch die verkehrte Terminologie verhindert. Ferner war die Tonik der mitlautenden Vokale eine von derjenigen der tönenden Konsonanten abweichende; in *αί*, *αύ*, *εύ* u. s. w.

wurde der Selbstlauter mit Tief- oder Mittelton, der Mitlauter aber mit Hochton gesprochen; *αι*, *ευ* u. s. w. waren also einer Behandlung fähig, welche sonst nur den langen Selbstlautern zukam und den Verbindungen *αλ*, *εμ*, *ον*, *αρ̣* u. s. w. ganz fremd war (s. oben S. 129).

Wir sehen, die Theorie welche *ại* als „Doppellauter", hingegen *iạ* als Verbindung eines „Konsonanten" mit einem „Vokal" auffasst, ist ein Erzeugniss der Neuzeit und beruht auf einer Kette grober Missgriffe und Irrthümer. Die Griechen verwechselten Selbstlauter mit Vokal, und Konsonant mit Mitlauter, konnten also nicht von mitlautenden Vokalen sprechen und brachten daher den Ausdruck Diphthong auf, welchen sie übrigens mit strengster Konsequenz überall anwendeten, wo sie in ihrer Sprache einen vokalischen Mitlauter fanden. Die Römer nahmen die griechische Benennung an, indem sie ihr statt der lautlichen Bedeutung eine bloss graphische unterschoben. Nach diesem Vorbilde hiessen die Neuern Alles Diphthong, was durch eine Verbindung zweier Vokalzeichen dargestellt wurde, ohne sich um die lautlichen Eigenschaften zu kümmern; also nicht nur *ä*, *ö* wegen **ae**, **oe**, sondern auch die deutschen zweilautigen **ai**, **au**, obgleich diese etwas ganz Anderes waren als die römischen der klassischen Zeit. Trotzdem man als Diphthong auffasste was den Römern als **aj**, **av** galt oder gegolten hätte, nahm man doch dazu noch die römische Lehre vom **j** an, welches man schlechtweg zum Konsonanten stempelte! Dies ist die Entwicklungsgeschichte eines unglaublichen Mischmasches sinnloser und widersprechender Behauptungen, welches nie möglich gewesen wäre, wenn man nicht die Schrift für die Sprache gehalten hätte. Die Krone des Ganzen bilden die von einigen Neuern erfundenen „konsonantischen Diphthongen, diphthongischen Konsonanten".

Ausser den oben erwähnten Thatsachen sprechen noch andere dafür, dass die indogermanischen **v** und **j** ursprünglich mitlautende Vokale waren.

Im Sanskrit

gehen auslautende silbige *i*, *î*, *u*, *û* in unsilbige *i*, *u* über, wenn das folgende Wort mit einem ungleichen Selbstlauter anfängt; im Gegensatz zu den Reibelauten üben v und j ebenso wie die a, i, u, die Nasale und die l und r im Innern des Wortes keinen Einfluss auf vorhergehende Konsonanten aus; die Aspiration schwindet wohl vor den Reibelauten, Tenues und Medien, aber nicht vor v und j; j ist unversehrt geblieben und nicht zu *ʃ* geworden, was es als *[i, ç]* doch hätte thun müssen, da ja die k- und g-Laute mit Verschluss am Vordergaumen in *tš*, *dʃ*, und das alte *ç* in *š* übergegangen sind; nur in späteren Mundarten ist j oft zu *dʃ* geworden, was auf eine Wandlung des *i* in *[i, ç]* hinweist; nach Bopp ist v hinter Mitlautern noch heute immer mitlautendes *u*; in einer weitverbreiteten Mundart, im Hindustani (Urdu) haben sämmtliche v ihre alte Geltung bewahrt. Auch wenn die Angabe einiger Grammatiker, v sei labiodental, schon auf die älteste Zeit zu beziehen wäre, so könnte deshalb zunächst nur *ṷ*, nicht aber *w* für erwiesen gelten. Dass die indischen Grammatiker die v und j zu den Lauten mit halber Berührung rechnen, beweist nichts, da sie die silbigen r und l nicht wie die mitlautenden zu den antaḥsthās, sondern zu den Lauten mit vollständiger Oeffnung zählen, was offenbar falsch ist. Gerade daraus, dass j und v mit den unsilbigen r und l von den Reibelauten (ūšmāṇas) streng gesondert werden, geht hervor, dass sie mit i und u dem Klange nach identisch waren. Dass v in Verbindungen vorkommt, in welchen wir es nicht ohne längere Uebung als mitlautendes *u* zu bilden vermögen, kann natürlich an diesen Ergebnissen nichts ändern, denn unsere zufällige Gewohnheit entscheidet nicht das mindeste über diejenige der Inder; das Wort *uṛdhi* mit unsilbigem *u*, selbstlautendem *r*, lang gedehntem tönendem *d* und darauf folgendem *h*, mögen wohl die Meisten allen Versuchen zum Trotz nicht herausbringen; gleichwohl ist es ganz leicht und flüssig zu sprechen.

Das armenische und persische g für v (Kuhns Beiträge II, S. 498 f.) kann nur darauf beruhen, dass v mitlautendes *u* war und dass die mediopalatale Verengung des *u* immer mehr gesteigert wurde (der umgekehrte Uebergang von g in u ist im Elsässischen hinter dunkeln Vokalen ausnahmslos eingetreten, z. B. *wąuə* Wagen, *krąuə*

Kragen, *plö̜y* für *plǫu* Plage, *wö̜y̧ə* wagen, *fǫyl̥* Vogel, *kçö̜yl̥* Kugel u. s. w.; dasselbe findet sich im Dänischen und vereinzelt im Englischen).

Das altgriechische ϝ kann ebenfalls nur mitlautendes *u* gewesen sein; es wechselt mit dem y der sogenannten Doppellauter oft in einem und demselben Wort derselben Inschrift (z. B. *Naϝπακτίων* neben *Ναυπάκτιοι*; vgl. auch Corssen Musspr. I, S. 310); Dionys von Halikarnass (Antiq. rom. I, 20) nennt es ausdrücklich *τὴν οὐ συλλαβὴν ἑνὶ στοιχείῳ γραφομένην*; für alte v und j treten im Griechischen auch selbstlautende *u* (später wie alle silbigen *u* zu *y* geworden) und *i*, sogar auch o und e ein; wenn die Angabe des Cornutus (bei Putsch Sp. 2282) und des Priscian (Inst. I, 20 ed. H.) richtig ist, dass ursprünglich das dem griechischen Alphabet entlehnte lateinische f-Zeichen die Bedeutung des griechischen ϝ hatte (dass der lateinische *f*-Laut früher einmal *u* oder *w* u. s. w. gewesen wäre, ist natürlich etwas ganz Anderes und kann gar nicht vorausgesetzt werden), so ist das veraltete, noch zu Ciceros Zeit in den Rechnungsbüchern übliche af für das au zu erklären, welches noch in auferre, aufugere erhalten ist, ein ganz ähnlicher Fall wie unser Ew (wo w noch seinen alten Werth eines mitlautenden Vokales hat) für Euer. Dass mit dem *Δαυείδ* der LXX etwas Anderes gemeint war als *dąu̯d* (das Vau lautet in allen semitischen Sprachen *u*), wäre erst noch zu beweisen. Wenn man *καυνεας* als Beweis für den neugriechischen Lautwerth der *αυ* und *ευ* anführt, weil es als cave ne eas habe verstanden werden können, so vergisst man, dass für das Lateinische die Geltung der v als *w* ebenso wenig festgestellt ist, wie für irgend eine andere ältere Sprache; aus *kąu̯ę nę̆ ęás* wurde natürlich zunächst *kąu n ęás* und nicht *kąw n ęás*; zugleich begeht man einen leider sehr häufigen Fehler und übersieht, dass solche Wortspiele nicht immer auf völliger Gleichheit des Klanges, sondern oft auch auf einer sehr entfernten Aehnlichkeit beruhen; wenn sechs Laute genau stimmen, so kommt es auf den siebenten gar nicht an. Noch in der Kaiserzeit findet sich *εο* für *ευ*; in dem Griechischen, welches

Wulfila sprach, muss das y von *αυ, ευ* noch mitlautender Vokal gewesen sein, denn er schreibt **av**, **aiv**, nicht **ab**, **aib** (goth. **b** nach einem Vokalzeichen stellt einen **w**-Laut dar) und vor Pausen und Stimmlosen nicht **af**, **aif**, was doch beides hätte geschehen müssen, wenn jenes y damals ein Konsonant gewesen wäre. Ein sicheres Zeichen für die neugriechische Lautform ist *ἀπελέφτερος* für *ἀπελεύθερος* (C. I. G. 5992 b); zweideutig ist *κατεσκέβασεν* für *κατεσκεύασεν* (3693; ob dieses **b** ein *b* oder ein *w* bezeichnet, ist ganz unsicher; ein *u* mit starker labialer Verengung kann ebenso gut wie *w* zu *b* werden); gar nicht beweiskräftig ist hingegen das knechtisch Buchstaben für Buchstaben (*ου* für **u**) nachmalende *Παουλλῖνα* (6665).

Im Lateinischen finden wir ebenfalls den in allen Sprachen beliebten Wechsel der **j** und **v** mit den silbigen **i**, **u** und den unsilbigen **i**, **u** der ursprünglich zweilautigen Diphthongen (vgl. Corssen Ausspr. I, S. 313 ff.; 673); unter dem Einfluss eines **v** wird **a** oft dem **u** angenähert; **va** geht oft in **vo**, **o**, **u** über (Corssen, I, S. 312 ff., II, 12; 63 ff.); **j** schwindet vor **i** (Corssen, I, S. 309). Die lateinische Schrift bezeichnet **v** und **u** mit demselben Buchstaben; kein Mensch hält ein *w* oder ein *v* für ein *u*; wer neben einem *f*- oder einem *b*-Laut in seiner Sprache ein *v* oder ein *w* besitzt, der muss, wenn er für sie kein besonderes Zeichen erfinden will, *v* mit demselben Buchstaben wie das *f* darstellen, gleich den Altisländern und Angelsachsen, und das *w* mit demselben Buchstaben wie *b*.

Dazu kommt noch, dass im Lateinischen das *v* (oder ein ähnlicher Laut) wirklich vorgekommen ist, aber anders als **v** behandelt und nicht mit dem Buchstaben Vau bezeichnet wurde. Das Lateinische zeigt im Inlaut **b**, **d**, **g** für indog. **bh**, **dh**, **gh**; trotz dem Widerspruche Ascolis muss man die Möglichkeit zugeben, dass die Media wie im Germanischen, Slawischen, Litauischen unverändert geblieben sei und bloss die Aspiration verloren habe; die Ungleichheit in der Behandlung des Anlautes und des Inlautes ist vollkommen dadurch begründet, dass im letzteren Falle die

Media sich an tönende Laute anlehnt, im erstern aber nicht. Jedoch auf diese Weise lassen sich die häufigen **b** für **dh** nicht erklären. So lange nicht der Nachweis geführt wird, dass eine entsprechende Zahl von unaspirirten **d** und **t** zu **b** und **p** geworden sind, oder ein stichhaltiger Grund angegeben wird, weshalb **d** nur in **dh** zu **b** wurde, nicht aber in anderen Verbindungen ausser **dv**, so lange muss man mit Ascoli an folgender Lautentwickelung festhalten. *dh* wurde auch im Inlaute zu *th*, wie durchgängig im Altgriechischen; daraus entwickelte sich *tþ*; durch Schwund der Tenuis blieb nur der interdentale Reibelaut *þ* übrig und dieser wurde, wie so oft in neugriechischen und englischen Mundarten, zu *f* weil bei seiner Bildung die Unterlippe den Zähnen zu nahe kam. Wie im Lateinischen beinahe alle inlautenden kurzen **s** (nicht die gedehnten **s** = **ss**) zwischen Selbstlautern tönend geworden sind und dann in **r** übergingen, so mussten in derselben Stellung auch *f*, *þ*, *x*, wenn solche vorhanden waren, allermindestens in ihrer Mehrzahl zu *v*, *ð*, *j* werden. Wir haben also für **dh** die Reihe

dh, *th*, *tþ*, *þ*, *ð*, *v*,

oder *dh*, *th*, *tþ*, *þ*, *f*, *v*.

Ob im Inlaut alle indog. Medienaspiraten auf diese Weise durch Reibelaute ersetzt wurden, oder ob nur ein Theil derselben diese Entwickelung durchmachte, während in andern die Media blieb und das *h* schwand, können wir ebenso wenig entscheiden, als wir zu bestimmen vermögen, ob die oskischen und umbrischen **f** im Inlaut zwischen Vokalen ein tönendes *v* oder ein stimmloses *f* bezeichneten. Sicher ist aber, dass es im Altlateinischen einmal *v* oder *w* gegeben hat; waren dieselben zur Zeit wo die Schrift eingeführt wurde, noch als solche erhalten, so folgt aus ihrer ausschliesslichen Bezeichnung durch **b**, dass **v** weder *v* noch *w* gelautet hat; waren sie zu Medien geworden und mit den schon vorhandenen *b* zusammengefallen, so folgt aus dem beinahe ausnahmslosen Unterbleiben des Uebergangs von **v** in **b** wiederum, dass **v** noch zu jener Zeit ein völlig anderer Laut als *w* oder *v* war.

Die lateinischen Grammatiker nennen **j** und **v** nicht

Konsonanten, sondern erklären nur, dieselben spielten die Rolle von Konsonanten (d. h. seien Mitlauter), gerade wie Charisius von dem f in den Verbindungen fl, fr sagt, es spiele die Rolle einer „Muta", obgleich es eine „Semivokalis" sei; Keiner findet an dem v etwas f- oder b-Aehnliches.

Die älteren griechischen Inschriften haben fast ausschliesslich OY für lat. v; erst in der Kaiserzeit kam B dafür auf, ohne das OY ganz zu verdrängen (Dittenberger, Hermes VI, S. 303). Die griechische Schreibung b für lat. v beweist nichts für *w*, abgesehen davon, dass die griechischen b vielleicht *u*-haltig waren: *ου* hatte den Uebelstand, dass es in der griechischen Orthographie nur für den langen Selbstlauter gebraucht wird, weshalb die ältern Inschriften das lateinische ŭ regelmässig durch ŏ geben (Dittenberger S. 282); *ουη* z. B. musste als ūē gelten; man beachte auch die Betonung *Φολούιος, Φλαύιος, Σερούιος, Ούηρος* u. s w. Für av, ev wird nicht selten *αυ, ευ, εο* geschrieben (z. B. *Σεοῆρος)*; nach q wird v auch durch y und o ausgedrückt (Corssen, I, S. 74 f.); für lat. va kommt auch oa vor, z. B. *Οάδμων* = Vadimo.

Wie aus Cicero (Orator 48, § 159) hervorgeht, schwand vor den Reibelauten f und s das n von con- und in-, nachdem es Nasalirung des Vokals (*ko̜, i̜*) bewirkt hatte, welcher dann Ersatzdehnung erlitt; da der Nasal und die Zeitdauer des Selbstlauters vor v und j unversehrt blieben („in ceteris omnibus breviter"), können diese damals nicht Reibelaute gewesen sein.

Lange blieb das alte ŏ nach v erhalten und wurde nicht zu ŭ (z. B. servŏs); Quintilian (Inst. XII, 10, 29) nennt die Verbindung vu eine für die Aussprache unbequeme, was doch nur auf *uų* = *ú̜* zu beziehen ist.

v hat u-Umlaut eines folgenden ĭ vor d, t, m, r, x bewirkt (Schuchardt, Vok. d. Vlgrl. II, S. 218—221).

Noch in später Zeit war v an gewissen Stellen mitlautender Vokal, denn als solcher erscheint es in den romanischen Sprachen immer wenn es nach dem k-Laut steht (Diez. I, S. 263 f.), und wenn es durch Schwund eines Selbstlauters vor Konsonanten gerückt worden (Diez, I, S. 289); Priscian (I, 7 ed. Hertz) sagt, v habe zwischen einem k, g und einem folgenden hellen Vokal (*i*, *e*, *ä*) wie griechisches y gelautet.

Nicht viel kann aus den übrigens seltenen Diäresen und Synizesen[1] geschlossen werden. Allerdings wird kein Unbefangener versucht sein, statt *wa* ein zweisilbiges *ua* zu sprechen; selbst wenn Diäresen bei uns nicht unerhört wären, so dürfte es doch kein Dichter wagen u-asser (3-silbig) statt Wasser sprechen zu lassen. Allein bei der allgemein herrschenden Gleichsetzung der Schrift mit der Sprache, wäre es wohl möglich, dass man der Orthographie zu lieb, welche v nicht von u unterschied, **solvo** als so-lu-o lesen lassen konnte, auch wenn es sonst sol-wo war. Noch weniger beweist die Synizese; wenn im Metrum Phaëton ausnahmsweise zweisilbig zu sprechen ist, so braucht **ae** in laetus, vitae u. s. w. nicht zweilautig gewesen zu sein; wäre uns die Synizese nicht völlig fremd, so würde sich derjenige gewaltig irren, welcher aus einem dreisilbig gerechneten Po-Ebene (po͡e-bene) den Schluss ziehen wollte, wir sprächen Goethe etwa als *gòitə*. Ferner wäre es leicht möglich gewesen, dass wenn der *w*-Laut üblich war, tenuis in der Synizese ten-wis gelesen wurde und nicht ten͡uis.

Das j zwischen zwei Selbstlautern im Innern eines einfachen Wortes war immer gedehnt, weil ihm ursprünglich in vielen dieser Fälle ein anderer Mitlauter vorausging, durch dessen Schwund es Ersatzdehnung erlitt; andere Wörter folgten dieser Analogie, wie im Neuhochdeutschen die alten ā in blau, Braue, grau, Klaue, lau, Pfau etc.

---

[1] Die Diärese besteht darin, dass ein Laut, welcher in gewöhnlicher Rede unsilbig ist, im poetischen Vortrage zum Selbstlauter gemacht wird· umgekehrt spricht man von Synizese, wenn ein Laut, der in Prosa silbig ist, in der Poesie als Mitlauter erscheint. Hätte Corssen dies beachtet, so würde er sich die lange Polemik (Ausspr. II, S. 747 Anm.) erspart haben. Sprach ein Römer das Wort vacuīs (Abl. pl.) zweisilbig, so war dieses -uīs akustisch genau dasselbe wie das Wort vīs (Gewalt); nur war jenes einsilbige -uīs bloss im Metrum zulässig, das vīs aber eignete der Poesie und der Prosa.

wegen der vorherrschenden äu gekürzt wurden. Im Anfang der Wörter durfte das j ebenso wenig gedehnt werden, wie irgend ein anderer Mitlauter, und blieb dann selbstverständlich eine Kürze auch in Zusammensetzungen und in Verbindung mit andern Wörtern (bijugus, ante Jovem u. s. w., nicht bijjugus, ante JJovem u. s. w.). Wenn v durch den zuweilen vorkommenden Schwund eines vorhergehenden Mitlauters (brevis, levis, nivis) nie Ersatzdehnung erlitten hat, so ist dies offenbar eine Einwirkung der häufigen Formen mit kurzem v zwischen zwei Selbstlautern (ăveo, ăvidus, ăvis, ăvus, bŏvis, căvea, căveo, căvo, căvus, făveo, făvilla, fŏveo, grăvidus, grăvis, lăvo, mŏveo, nŏvem, nŏvus, ŏvis, păveo, sĕverus u. s. w.). Die gedehnten mitlautenden *i* und *u* des Griechischen (s. oben S. 127) behielt das Lateinische als Längen bei: Ajjax, Harpyjja, und ebenso, wie der dichterische Sprachgebrauch zeigt, auch Evvander, Evvoë, Agavve. Ob es richtiger sei Evander oder Euander zu schreiben, ist ein höchst müssiger Streit, weil die Römer den sog. „Konsonanten" v immer als *u* sprachen; will man in der lateinischen Orthographie überhaupt das mitlautende u von dem selbstlautenden auf eine dem römischen Sprachgebrauch gemässe Weise unterscheiden, so ist nicht nur Evvander, Evvangelium, sondern auch eqvus, sangvis, svadeo, nevter, hev, hujc, hujjus u. s. w. zu fordern.

Der Uebergang von unsilbigem *u* in *w* oder *v* musste natürlich durch Vermittelung der Zwischenstufen *w̯* oder *v̤* erfolgen; diese meint vielleicht Velius Longus (bei Putsch Sp. 2223), wenn er valens, vitulus, primitivus, genitivus als Wörter anführt „in quibus [v] sonat cum aliqua aspiratione". Sichere Zeichen für den geschehenen Eintritt des Reibelautes sind die z für j, und die j für z, welche seit dem Anfang des dritten Jahrhunderts nach Christus nachweisbar sind (Corssen, I, S. 309), und die erst sehr spät eintretenden f für v (frz. serf, neuf u. s. w.); die Analogie des j setzt schon für das dritte Jahrhundert voraus, dass v zu *v̤* geworden. Hingegen der Wechsel zwischen b und **v**, welcher im zweiten Jahrhundert nach Christus aufkommt und im vierten sehr häufig wird (Corssen, I, S. 131 f.), beweist durchaus nichts, da das lateinische *b* wahrscheinlich *u*-haltig war und folglich leicht zu mitlautendem *u* werden konnte (vgl. **u** für **b** bei Diez, I, S. 281 f.); und man spreche **v** in f e r v u i als mitlautendes *u* und man wird sehen, wie leicht f e r b u i daraus entsteht, vorausgesetzt, dass einem die echte tönende Media geläufig ist (vgl. **abs, apt** für **aus, aut** bei Diez, I, S. 172, und **g** für **v** oben S. 139).

Das **qu** (dessen *k* und *u* die Orthographie des Altumbrischen und Altoskischen richtig mit **k** und **⊏** bezeichnet) hat der herkömmlichen Lautlehre Stoff zu einem trefflichen Meisterstückchen geboten: weil das **u** mit dem **q** die vorhergehende Silbe nicht „lang“ macht, ist es kein „Konsonant“; weil es mit dem folgenden Selbstlauter keinen „Diphthongen“ bildet, ist es kein „Vokal“; folglich ist es ein „Mittelding“ zwischen beiden, ein „Halbvokal“! Demnach wären auch **r** und **l** weder Vokale noch Konsonanten, denn z. B. t e n e b r a e hat im Metrum den Werth ♪ ♪ ♩. Ohne sich erst klar geworden zu sein, was man sich eigentlich unter „Vokal“ und „Konsonant“ denkt, schmiedet man sich einen neuen Namen „Halbvokal“ zurecht, mit welchem man vollends keine Vorstellung verbindet. Warum gewisse Lautverbindungen nicht „Position“ machen, darüber wissen die Meisten keine befriedigende Auskunft, ohne sich aber hindern zu lassen auf die unverstandene Thatsache orakelhafte Aussprüche zu gründen.

Das Altoskische

setzt seine **v⊏** (später **ov**) für den sog. Diphthong **ou** auch vor stimmlosen Konsonanten wie **k, t**; das **E** kann also keinen weichen Laut, sondern nur einen Vokal bezeichnet haben.

Im Gothischen

entsteht **v** aus **u** zwischen zwei Selbstlautern; **v** wird zu **u**, wenn ein folgender Selbstlauter schwindet, und wird nicht wie **b** zu **f** im Auslaut und vor Stimmlosen; da in dem inlautenden **b** nach Selbstlautern ein *v* vorlag, kann das von **b** streng geschiedene **v** mit unserm nhd. **w** keinerlei Aehnlichkeit gehabt haben; die Römer umschreiben es mit doppeltem u-Zeichen, nicht mit ihrem v (welches damals schon einen tönenden Reibelaut bezeichnete, s. oben), und die Griechen mit *ου*; u tritt für vi und vu ein (Dietrich,Ausspr. des Goth. S. 78); in den romanischen Sprachen wird es durch gu und u wiedergegeben (Diez, I, S. 324 ff.): das seltsame gu ist dadurch zu erklären, dass in dem mitlautenden *u* ein Reibelaut aufkam, aber nicht wie in vielen Sprachen ein labialer, sondern der ebenso nahe liegende mediopalatale, wodurch also v zu *[u, x]* wurde; diesen fremden Laut konnte der Romane nur dadurch wiedergeben, dass er dessen zu gleicher Zeit hörbare Bestandtheile aufeinander folgen liess; da er ein tönendes *x* ebenso wenig besass als ein stimmloses, verwandte er *g* dafür; so entstand *gu* für *[u, x]*, ähnlich wie die Norddeutschen sogar einen nicht zusammengesetzten Laut wie das französische *ϱ* in zwei Laute, *∂* und *η*, zerlegen, von welchen jeder einzelne eine grössere oder geringere Aehnlichkeit mit *ϱ* hat, und wie die alten Griechen das einlautige, nicht aus zwei zusammenklingenden Konsonanten bestehende lateinische f, einen labiodentalen Reibelaut, durch die Verbindung der labialen Tenuis p mit einem folgenden gutturalen Reibelaut h ersetzten und z. B. P-hundanius statt Fundanius sprachen. Die Gothen stellen die fremden au ganz richtig durch av dar (kavtsjo, Pavlus, Esav) und die eu durch aiv (Aivva, aivlaugia, aivxaristia), während sie das romanische v durch b wiedergeben (naubaimbair u. s. w.).

Im Altnordischen

schwindet zwar das alte j anlautend beinah überall, inlautend jedoch nur vor i und e; ebenso fällt das v vor u und o ab (ausser wenn o statt älterem a steht), bleibt aber vor a, e, i; nach ā und ī kann es zu o werden. a, á, i (selten í) vor v erleiden u-Umlaut und werden zu *ǫ, ǫ́, y (ý)*, und va, vá, vi, ví werden oft oder zuweilen zu o, ó, y, ý. Thorodd (Snorra Edda, II. S. 18) stellt das v in þvat dem u in þu at als bis auf die Nasalirung gleichlautend zur Seite; eine besondere Bezeichnung des v verwirft er (II, S. 36), da er nicht einsehe, warum u eher als andere Vokale einer besonderen

Darstellung bedürfe, wenn es als Mitlauter verwendet wird; zwischen den i und u unserer sogenannten Doppellauter und den j und v macht er keinerlei Unterschied (s. oben S. 119 f.); er erörtert ausführlich (II, S. 24 und 26) ob der „konsonantische" Anlaut in i á r n ein i oder ein e sei, und entscheidet sich für letzteres; war nun das j der sog. Brechung ein Vokal, so wird auch das alte j ein solcher gewesen sein. Das *v* oder *w* welches sich aus dem urdeutschen b und f (wie *ð* aus d und þ) in den meisten Fällen des Inlautes entwickelt hat, wird nie mit v, sondern immer mit f bezeichnet. Die wenigen f für v und die anders als die alten au behandelten av, ev für griechisches *αυ, ευ* (tavtologia, ypozevsis) verrathen das Aufkommen des modernen Lautes.

Im Angelsächsischen

übt v auf selbstlautende Vokale denselben Einfluss wie u; die *v* oder *w*, welche für urdeutsches b und f im Inlaut eintreten, werden nie P̃ geschrieben, sondern immer f; im Englischen hat das deutsche v durchgängig den Werth eines mitlautenden *u* bewahrt und steht im strengsten Gegensatz zu dem v der aufgenommenen romanischen Wörter.

Das Altsächsische

hat aus ăv immer ō gemacht wie aus au; das aus altem b und f im Inlaut hervorgegangene *v* oder *w* wird mit ƀ oder v bezeichnet, altes v aber immer mit w; im Auslaut wird ƀ zu f, hingegen w zu u oder zu o.

Im Althochdeutschen

erscheinen nach Konsonanten e und o für j und v; v nach Selbstlautern bildet mit denselben sog. Diphthonge; urdeutsches v wird mit verdoppeltem u-Zeichen (w; vgl. damit die Sendorthographie ii, uu für j, v) bezeichnet, das v romanischer Wörter aber mit v, welches in deutschen Wörtern inlautend bisweilen zur Darstellung eines *v* oder *w*, anlautend aber, neben dem Zeichen f, immer für *f* (vgl. V o g e l, v o r, v o n, V a t e r, V e t t e r u. s. w.) verwendet und von hochdeutschen Schreibern in lateinischen Wörtern bisweilen durch f (z. B. in den Kasseler Glossen f i d e l l i, f e r r a t, f o m e r a s) ersetzt wird; noch heute spricht der Mittel- und Oberdeutsche das v in entlehnten romanischen Wörtern und meistens auch beim Lateinlesen als stimmloses *f* (Efa, Efangelium, seferus, folo, finum u. s. w.); nur in **qv** erhält das **v** heute den *u*-Laut wie im Notkerschen **qv**- für **gew**- oder den *w*-Laut; wie im Gothischen und im Englischen sind also auch im Althochdeutschen die germanischen **v** scharf von den romanischen geschieden. Dass in deutschen Wörtern, welche die Romanen angenommen haben, das **v** immer als **gu** oder **u** (z. B. frz. o u e s t, t o u a i l l e, S o u a b e, b i v o u a c, B a u d o u i n, S u i s s e, S u è d e u. s. w.) auftritt, ist schon oben erwähnt; einige romanische Idiome, wie das Pikardische und das Wallonische, sprechen noch heute immer unsilbiges *u* für deutsches **w** auch im Anlaut (Diez, I, S. 325 f.; 467).

Im Neuhochdeutschen

ist **w** nach Selbstlautern immer Vokal geblieben (ausser in e w i g, L ö w e, L a w i n e; die beiden letzten Wörter sind in der Schweiz *lö̆y, lòuənə)*; nur einzelne Mundarten zeigen es in dieser Stellung als *w* oder *v*. **qu** schwankt: Klopstock (ges. Werke, Lpz. Göschen 1823, XII, S. 222) will **qu** durch **ku** ersetzen; K. L. Schneider (Elementarlehre der lat. Sprache, Berlin 1819, I, S. 329) zweifelt, ob Q u e l l e wohl k u͡e l l e, oder k w e l l e oder ein Mittelding zwischen beidem sei; Hirzel (franz. Grammatik, Aarau 1869, S. 20) findet das **qu** (= *ku)* in a q u a t i q u e, q u a d r u p è d e u. s. w. unserm **q** [die alte Fabel **q** sei für sich allein = **cv**!!] oder **kw** ähnlich; Max Müller (Vorles. übers. v. Böttger, 1866, II, S. 144) und die E r ö r t e r u n g e n ü b e r d e u t s c h e O r t h o g r a p h i e (Berlin 1871, S. 14) fassen das u in Q u e l l e als bilabialen Konsonanten, womit möglicherweise nicht ein bilabiales *w*, sondern, nach einem von Brücke eingeführten schlechten Sprachgebrauch, das mitlautende *u* gemeint ist; Andere erklären es für das gewöhnliche labiodentale *w*. Die Geltung des **w**-Zeichens als mitl. Vokal haben vielleicht einzelne Gegenden (vgl. unten) in den bekannten F r a w, t r e w u. s. w. noch lange bewahrt; E w. ist im Zopfstil heute noch lebendig. Die deutschen Gemeinden am Monte Rosa sollen noch jetzt alle **w** als mitlautende *u* hören lassen; in Schwaben ist **w** nach Konsonanten immer *u (šuôp, šuàrts, kuàkə* u. s. w.).

j habe ich nirgends in Deutschland als *[i, ç]*, sondern immer nur als unsilbiges *i* gehört; die Leute, welche behaupten j sei ein andrer Laut als i, führen zum Beweis gewöhnlich nur solche Dinge an, welche zeigen, dass j ein Mitlauter und kein Selbstlauter ist. Jedoch muss *[i, ç]* einmal vorhanden gewesen sein in einzelnen Gegenden, wie z. B. in Theilen Mitteldeutschlands, wo nicht nur die aus g und ʒ nach hellen Vokalen und nach Konsonanten hervorgegangenen j, sondern auch die alten j zu *ç* geworden sind, und wo die Leute daher zwischen j und ch nicht zu unterscheiden wissen; z. B. Oberlehrer Dr. Karl Hoffmann (die nhd. Rechtschreibung, Arnstadt 1875, S. 22) sagt, der Laut des j werde in unserer Orthographie durch ch, g, j und y bezeichnet, und führt als Beispiele an: Yankee, Ja, eiGenthümliCH. Man vergleiche auch Göthe:

Das hasst sich schwer, das Lumpenpack,
Und gäb sich gern das Restchen;
Es eint sie hier der Dudelsack
Wie Orpheus Leir die Bestjen.

Hingegen beweist die althochdeutsche Schreibung g statt j nichts für einen Reibelaut.

Im 14. Jahrhundert kommt *w* für w auf, wie man aus der orthographischen Verwirrung des alten w mit dem *w* ersieht, welches in den allermeisten germanischen Sprachen und Mundarten für das inlt. b schon früh eingetreten ist (an einen Uebergang des *b* oder *w* in mitlautendes *u* ist hier nicht zu denken); die Schreibungen sterwen, lewen statt sterben, leben u. s. w. konnten nur dann aufkommen, wenn das Zeichen w durch den Uebergang der unsilbigen *u* in *w* diesen letzteren Werth erhalten hatte. Weil man der Abstammung zu lieb häufig b schrieb, wo man *w* sprach (sterben, leben), geschah es zuweilen, dass das b-Zeichen auch für altes w gesetzt wurde. Natürlich vollzog sich die Verschiebung des mitlautenden *u* zu *w* in einigen Gegenden früher, in andern später; in einzelnen hochdeutschen Mundarten ist sie noch heute gar nicht, oder nicht in demselben Umfang wie im Nhd. durchgedrungen; wieder andere haben sie noch weiter durchgeführt und sprechen blawe, Frawen, trawen u. s. w. Wenn also jemand trew, blaw, Fraw

u. s. w. geschrieben oder gedruckt hat, so folgt daraus noch nicht, dass er seine w überall oder in vielen Stellungen als mitlautende Vokale hören liess[1].

ANHANG II.

DIE INDOGERMANISCHEN TENUESASPIRATEN.

Seit Kuhns Untersuchungen im dritten Bande (S. 321 ff.) seiner Zeitschrift wird allgemein angenommen, s könne auf folgende Tenues einen aspirirenden Einfluss ausüben. Aber die Thatsachen, welche man als Beweis dafür ansieht, sind gar sehr der Deutung fähig.

Wir berühren hier einen wunden Fleck der Sprachvergleichung. Wenn die meisten Glieder einer Sprachfamilie in einer Reihe von einander entsprechenden Wörtern denselben Laut aufweisen, so wird dieser gewöhnlich ohne weiteres für den ursprünglichen gehalten; ich habe (oben S. 46) schon erwähnt, wie verkehrt ein solcher Schluss sein kann, wenn eine Erleichterung vorliegt, welche jede einzelne Sprache unabhängig von den andern hat eintreten lassen. Mit ebenso wenig Recht hält man Alles, wodurch sich ein jüngeres Idiom lautlich von einem ältern unterscheidet, dessen Abkömmling es sein soll, ohne weiteres für unursprünglicher;

[1] Seit (im März 1876) obiger Aufsatz druckfertig geworden, hat Sievers in seinen Grundzügen der Lautphysiologie denselben Gegenstand berührt; eine Kritik seiner Ansichten habe ich im Februarheft 1877 der Zeitschrift für deutsches Alterthum gegeben. — Da es den Meisten, welche unsere W und J nicht als Reibelaute sprechen, sehr schwer fällt dies anzuerkennen, möge man Frommanns Deutsche Mundarten VII, S. 321 vergleichen. — Bei Besprechung des indogermanischen V habe ich den Ausdruck „Verschmelzung von Konsonant und Vokal“ nicht erwähnt, weil die Wenigsten, die sich desselben bedienen, damit eine klare Vorstellung verbinden.

denn da uns von den alten Sprachen und Mundarten gewiss nur sehr wenige in schriftlicher Aufzeichnung erhalten worden sind, ist jener Schluss höchst unsicher, so lange nicht ein zwingender Beweis erbracht ist, dass nicht ausser dem älteren Idiom noch Nebendialekte bestanden und das jüngere nicht von einem dieser letzteren abstammt.

In solchen Fällen kann nur die naturwissenschaftliche Lautlehre den richtigen Weg zeigen, wie sie denn überhaupt zur Erledigung von Lautfragen unentbehrlich ist.

Sind etwa die Gründe für die Ursprünglichkeit der ungehauchten Tenues gegenüber den Tenuesaspiraten so entscheidend, dass man die Lauttheorie nicht zu befragen brauchte? Worauf stützt sich denn jene Annahme? Auf das Slawische, Litauische, Keltische, welche in vielen anderen Fällen nachweislich die Aspiration eingebüsst haben; auf das Germanische, in welchem alte Tenuesaspiraten nothwendig zur Zeit wo die ursprünglich reinen Tenues aspirirt und affrizirt wurden, mit diesen zusammenfallen mussten [1]. Man verlangt also von dem Slawischen, Litauischen, Keltischen, Germanischen Auskunft über Dinge, in welchen diese Sprachen gar nichts entscheiden können!

Obgleich die meisten indogermanischen Idiome an Stelle der indischen und griechischen Aspiraten blosse Schlusslaute zeigen, hat man dennoch die **bh, dh, gh** als ursprünglicher anerkannt. Können nicht jene Sprachen sich unter dem Streben nach Bequemlichkeit ebenfalls der Tenuesaspiraten entledigt, namentlich die **sph, sth, skh** in **sp, st, sk** verwandelt haben?

Wir dürfen wohl annehmen, dass die Ursprache einen Laut gewisse Verbindungen lieber eingehen liess als andere;

---

[1] Dass die indogermanischen Tenuesaspiraten im Germanischen zu Tenues werden mussten, wie Grassmann (Kuhns Ztschr. 1863, XII, 106; 109) meint, ist nicht erwiesen. Jedenfalls nicht durch die Wörter wo die germanische Tenuis einer Tenuis der andern Sprachen oder einer indisch-griechischen Tenuisaspirata gegenübersteht; vorerst müsste gezeigt werden, dass aus indogermanischen *ph, th* u. s w. hervorgegangene *p, t* u. s. w. im Germanischen nicht mit den alten *p, t* zusammenzufallen brauchten.

dass sie es gar nicht gethan habe, wenn nicht Ursachen physiologisch-akustischer Natur hindernd eingriffen, können wir nicht für wahrscheinlich halten. Wenn sich nun **h** mit **b**, **d**, **g**, hinter welchen es sich unmöglich in Folge unbewusster Lautgesetze entwickeln konnte, oft zusammengestellt hat, warum soll es nach **p**, **t**, **k** nie eingetreten sein?

Ein aspirirender Einfluss des **s** auf folgende Tenuis ist physiologisch unerklärlich; auch unter dem von Ascoli (Vorlesungen, übers. von Bazzigher und Schweizer, Halle 1872, I. 160) angenommenen engen Anschluss des **s** an die Schlaglaute, welcher bewirkt, dass sich dieselben von dem Selbstlauter „ablösen" und Raum für einen Hauch lassen, kann ich mir schlechterdings nichts vorstellen; es ist unglaublich, dass man ohne irgend einen ersichtlichen Grund in den schweren Verbindungen *sp, st, sk* eine offenbare Steigerung habe eintreten lassen. Befrägt man die Sprachgeschichte, so findet man zahlreiche sichere Beispiele dafür, dass **s** die **p**, **t**, **k** vor einer Aspiration oder Affrikation geschützt hat, welche sonst überall eingetreten ist; ich erinnere nur daran, dass im Germanischen **s** eine folgende Tenuis immer vor der Verschiebung bewahrt hat; im Hochdeutschen wiederholt sich derselbe Vorgang (nur **sk** macht Ausnahme); im Neuhochdeutschen entsprechen den **p**, **t**, **k** der herkömmlichen Orthographie vor starkem (betontem) Selbstlauter stets Aspiraten oder Affrikaten, ausser wenn ihnen ein zu demselben einfachen Wort gehöriges **s** vorhergeht: wir sagen *phas* (Pass) aber *spas* (Spass), — *thál* (Thal) aber *stál* (Stahl) u. s. w. (s. Kuhns Ztschr. 1872, XXI, 40 ff.); im Neugriechischen ist *Θ* hinter Reibelauten immer zu *t* geworden und nicht in *þ* übergegangen u. s. w. Dass in den spätern indischen Mundarten **sp**, **st**, **sk** zu **pph**, **tth**, **kkh** werden, beruht auf Umstellung, wie Ascoli auf Grund der ebendaselbst regelmässig für **sm**, **sn** eintretenden **mh**, **n̤h** gezeigt hat.

Unter dem Einfluss der Lautgesetze haben die meisten indogermanischen Sprachen im Lauf der Zeit ihre Aspiraten eingebüsst; theilweise kann dies auch im Indischen und Griechischen geschehen sein. Wie das **h** anlautend im

Griechischen und Lateinischen oft schon früh schwankte und deshalb oft auch da eintrat, wo es etymologisch unberechtigt war (s. oben S. 60), so mag es auch im Indischen und Griechischen hinter Tenues in einzelnen Wörtern getilgt und dafür in anderen eingeschmuggelt worden sein. Zuweilen auch ist im Indischen die Entstehung von aspirirten Tenues aus aspirirten Schlusslauten zuzugeben.

FSC
www.fsc.org
MIX
Papier | Fördert gute Waldnutzung
FSC® C083411

Kolibri 360 GmbH
Ferdinand-Jühlke-Straße 7
99095 Erfurt, Deutschland
produktsicherheit@kolibri360.de